U0306910

饌

创 美 工 厂

3D打印

艺术家、设计师和制造商

（英）史蒂芬·霍斯金斯 著　　梅铁铮 译

海峡出版发行集团 | 鹭江出版社
THE STRAITS PUBLISHING & DISTRIBUTING GROUP ｜ LUJIANG PUBLISHING HOUSE

2016 年·厦门

致谢

我要感谢以下人员在撰写此书时给我的帮助。首先，没有杰西·赫克斯托尔·史密斯和艾莉森·戴维森的帮助，此书不可能进入出版阶段。我还要感谢彼得·沃尔特斯博士帮我检查了对于 3D 打印看法的准确性以及一些技术细节上的问题，还有大卫·赫森和乔安娜·蒙哥马利也给我提供了较大的帮助和支持。我还要感谢苏珊·詹姆斯和戴维达·福布斯的信任和耐心地编辑此书。

我要感谢案例研究中的所有艺术家，希望我在书中的评价是公正的；这些艺术家包括阿萨·阿叔奇、凯斯·布朗教授、迈克尔·伊甸、莱昂内尔·迪安博士、玛丽安·佛利斯特、乔纳森·基普和汤姆·洛马克斯等。此外，我还要感谢里克·贝克尔的帮助及其雕塑图片，感谢丽塔·唐纳允许使用理查德·汉密尔顿的图片，以及 Denby 陶器的加里·霍利的帮助和支持。

在图片使用方面，我要感谢希瑟和伊凡·莫里森、卡琳·桑德尔、彼得·特雷扎基斯、藤幡正树、Freedom of Creation 设计室、MIT 的内里·奥克斯曼、Nervous System 的杰西卡·罗森克兰茨、查尔斯·苏黎、布里斯托尔的阿曼德动画、来自俄勒冈州波特兰的 LAIKA 数字、彼得·廷、Counter Editions、Spira Collection、3DRTP、Envision Tech、Objet 公司、3D Systems 公司、EOS 公司、Mcor 公司、Renishaw 公司、Stratasys 公司、Viridis 公司、丹尼尔·柯林斯、玛丽·维瑟、克里斯蒂安·拉维妮、Unfold 工作室、EADS Bristol 公司以及马库斯·凯塞。我还要感谢在撰写此书时，所有与我谈话的人。

我还感谢英国艺术和人文研究委员会提供的研究基金，此书正是在该研究基金的资助下完成的。

最后，我想把此书献给我的妻子霍斯金斯夫人。

目录

3D PRINTING FOR ARTISTS
DESIGNERS AND MAKERS

前言

近年来，3D 打印赢得了公众的大量关注。但是，人们似乎忽略了这一工艺流程是怎样实际运作的，也忽视了 3D 打印应用实际上是一系列的 3D 科技与工艺所组成的一套流程系统。前言部分将论述笔者所理解的 3D 打印。

在深入研究 3D 打印的历史和发展之前，我们需要说明一下该工艺流程是怎样运作的。首先，所有 3D 打印工艺从本质上讲都是增材制造，即通过合成材料来构造物体。3D 打印是当今一种相对革新的技术，可以通过设计软件生成或扫描实际物体的形状后生成的 3D 数字模型直接构造物体。3D 打印是通过电脑控制的机器来构造物体，机器将材料一层层地堆积或固化，与传统陶器的制造过程类似。打印材料有很多种，包括塑料、陶瓷和各种金属，等等。基于增材技术的 3D 打印帮助艺术家、设计师和工程师打破了传统制造工艺的束缚，因此也被称为"固化自由成型制造"。视觉导向的艺术家和设计师开始探索 3D 打印的美学潜能，将其作为创新实践的媒介，本书正是从视觉艺术家的角度来介绍 3D 打印。书中介绍了 3D 打印的历史背景和技术背景，并提供了艺术与应用艺术、工艺和设计等领域在创新实践方面的重要案例研究。

第一章 介绍了 3D 打印的历史，并特别论述了该段历史与视觉艺术背景之间的关联。本章追溯了 3D 打印的两条发展路径：从詹姆斯·瓦特的雕塑影印机开始，随着三维绘图的发展至 20 世纪 50 年代开始用类似的方法仿制雕塑。另一条是随着早期维多利亚时代摄影及印刷过程中感光胶材料的发展，经过照相雕刻、浅浮雕印刷、光敏树脂乳剂的产生和发展，最终成就并引发 3D 打印工艺。本章还描述了视觉艺术家如何协调并运用该工艺造福于艺术家、设计师和工匠。

第二章　概括了 3D 打印工艺的历史，并详细介绍了相关打印机的技术发展。本章接着详尽论述了如何选择目前可使用的 3D 打印机，并介绍了目前多元的 3D 打印领域所包含的各种不同工艺。同时，还列举了某些视觉艺术从业者使用各种不同工艺的情况。

第三章　讲述了各种工艺及这些工艺是如何与 3D 打印对接的。本章详细描述了使用 3D 打印工艺的指导思想，以及这些思想是如何与从业者使用的 3D 打印技术的方法相对接的。本章还举了三个案例，其中工艺品从业者将 3D 打印作为其工作必不可少的一部分，案例中还详细介绍了他们如何从技术上处理工艺、如何站在从业者的角度理性地看待 3D 打印工艺。

第四章　介绍了艺术和 3D 打印之间的关系。详细介绍了从 3D 打印技术在市场上首次应用开始，艺术家是如何利用这项技术辅助工作的。本章还提供了两个在数字艺术领域工作多年的从业者案例。

第五章　探讨了 3D 打印对设计师和设计从业者的启示。本章介绍了 3D 打印在设计领域的应用，并区分了在大企业工作和独立工作的设计师在运用 3D 打印技术方面的不同之处。本章还列举了三个高级设计师的案例，他们分别用不同方式来使用 3D 打印。

第六章　通过文学作品和主流媒体调查了公众对于 3D 打印的认知度，并说明这种认知度如何反过来影响艺术创造，包括获得了大量观众的时尚设计师和定格动画等。本章还详述了黑客空间和多克博特文化的兴起，并根据当前最新研究预测了未来的情景。

最后，这本书总结了 3D 打印在视觉艺术上的潜能，并就艺术家、设计师和手工艺者如何利用该项技术得出了结论。

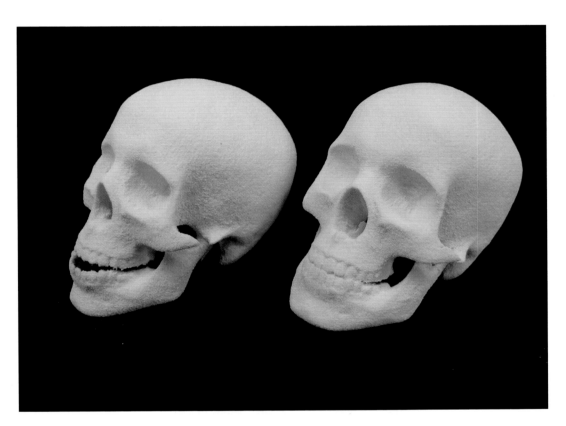

由"精细打印研究中心"（CFPR）使用 3D 打印制作的陶瓷头骨。©CFPR，2010

引言

这本书对于来自艺术、工业和自然科学领域的专业学者与 3D 打印用户有着重要意义。该书的目标读者是艺术家、设计师和来自文化创意产业的人，但也应引起热衷新兴科学技术发展的普通读者的关注。

在过去一年里，BBC 广播和电视、《纽约时报》、《电讯报》、《卫报》、《独立报》以及《经济学家》上有许多关于 3D 打印的概括性介绍。此外，《连线》等杂志也发表了一些关于 3D 打印的专业文章。在 3D 打印产业方面，TCT 专家杂志和快速原型制造期刊都报道了 3D 打印在工程和医学方面的应用。此外，大量网站开始服务于使用低成本 3D 打印的"maker"社区，包括一些处理数字雕塑和艺术品快速成型的专业网站（如 www.additive3D.com）。然而，迄今为止还没有刊物或书籍来详细介绍这一创新型产业是如何对接和使用 3D 打印技术的。

从全球范围来看，许多大学和研究机构将 3D 打印作为一种增材制造过程来开发和使用，他们大都相信这项技术能带来重大突破。他们的研究目标是将这项技术从快速成型领域转到快速制造领域，从生产某一部件的塑料复制品到生产整个工作部件。目前已使用 3D 打印生产出了完整的尼龙自行车、金银首饰和钛合金牙。笔者所在的研究团队[位于布里斯托尔的西英格兰大学"精细打印研究中心"（CFPR）]在三维打印陶瓷制品方面处于领先地位，使用 3D 打印工艺生产了大量的杯、碟、碗和雕塑。

从更广的范围来看，目前微观装备实验室（Fab Labs）的数量剧增。从上次的统计数据来看，全球有 57 个 Fab Labs，同时每月有 3 个新实验室设立起来。这种实验室是使用高科技数字制造，可以基于 3D 打印的社区平台。另一个现象是 Tech Shops 的兴起，已成为实验室的商业替代品；黑客空间也为科技极客们提供进行学习、社交和项目合作的场所。所有这些平台都在向越来越多的用户传递 3D 打印的观念，而用户也期待能将这一技术运用到日常生活中去。

在本书中，笔者旨在说明 3D 打印现已成为艺术实践不可分割的一部分。笔者有两个明确的目标：第一，向艺术类读者介绍 3D 打印工艺的潜能；第二，阐明 3D 打印工艺的发展顺序以及与视觉艺术相关的历史和大事件。笔者想要通过大量从业者案例，从客观上说明这些新工艺是如何应用的，并阐述从业者是怎样在不同的实践经历中创造出值得学习的新方法。

有人可能会认为新工艺一旦有了许多新名字，就会被用来获取资本、赢得声誉。3D 打印目前正处于这一阶段，其别名包括：自由成型制造、快速制造、增材制造（ALM）、选择性激光烧结（SLS）、立体平版印刷（STL）、快速原型制造（RP）以及熔融积淀成型（FDM）。

人们对于新工艺在文化认同上的变化往往可以追溯到一件细小的事情上来。尽管该事件在当时显得微不足道，但回想起来，却发现其象征着人们观念的转变。笔者觉得，克里斯·安德森[1] 在《连线》杂志上发表的一篇名为《原子将成为下一场工业革命的新

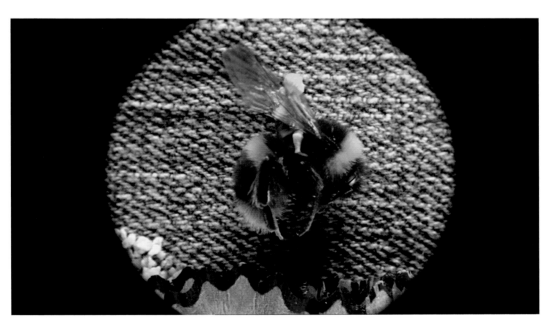

"点"，在 Nokia N8 显微镜下拍摄的世界上最小的 3D 打印动画。© 阿德曼动画工作室

钻头》的专题文章预示着人们观念的转变。在这篇文章发表后，笔者认识到制造业将发生根本性改变。

文中最具洞察力的评论可能是："用一句话来概括这二十年的历史吧。如果前十年是在网络上探索后制度模式，那接下来的十年将会是把这些模式运用到现实世界中。"但是安德森所说的更多是关于社交媒体的影响、社会如何共同解决问题以及这种共同解决问题的方法如何在网络之外加以实施。

文章还继续介绍了一些受 3D 打印启发的新工作方式，如众包车、Fab Labs 以及 Tech Shops 等。人们在现实生活中对数字技术的运用展现了他们对 3D 打印之狂热。只要轻触按钮，就能把电脑上设计的虚拟物件用真实材料打印出来，这一前景不仅诱人，

而且充满了未来主义色彩。但事实是，目前还远远达不到这一水平，至少在近几年是不可能的。在写此书之时，在增材制造领域唯一接近真实成品真实度质量比的是激光烧结的钛、钢和尼龙。在视觉艺术领域，有两个研究项目明确阐述了真实材料的新方向，分别是库克森和伯明翰中央英格兰大学珠宝创新中心联合打印黄金和贵重金属，以及笔者所在的研究团队（位于布里斯托尔的西英格兰大学）用 3D 打印制作陶瓷。所有这些工艺品从打印机出来后都需要清洗和进一步加工处理。作为 3D 打印的爱好者和倡导者，笔者可以坦率地说，目前还没有工艺可以完全满足用户所需。

从长期的发展来看，这些工艺肯定能创造出克里斯·安德森所说的颠覆性技术。3D 打

2009 年，布兰登·里德的"柯宝"，Z Corp 510 彩粉沉积打印。© 布兰登·里德，CFPR 实验室，2009。

2010 年，保罗·莱德勒和布兰登·里德的"Made in China"，
3D 陶瓷粉末沉积打印。© 保罗·莱德勒和布兰登·里德，
CFPR 实验室，2010。

印的颠覆性后果可能会与网络通信逐渐取代传统的报纸印刷行业类似。但这一取代需要时间。从最初引进计算机排版开始，打印和通信的革新持续了近30年的时间。20世纪80年代早期，沃平与默多克的争端就证明了这一点。印刷业工会就裁员问题与管理层产生纠纷，因为记者可直接通过电脑打印副本，打印页面也可以在电脑屏幕上编排，完全不需要专门的排字工人。此后，排字工人、制版机以及复印术都不再需

要了。这种改变的催化剂是桌面排版软件的出现，如 20 世纪 80 年代末期为苹果电脑设计的奥尔德斯专业排版软件。另一种催化剂是家用电脑的普及和 20 世纪 90 年代因特网的广泛使用。这些变革还导致了近几年来智能手机和应用程序的使用，让消费者不仅可以在手机或 iPad 上阅读新闻，还可以用不同的方式获得新闻，而且阅读过程不需要任何实体，读完后也不需要扔掉。所有这些进步和发展都源于

2008 年，保罗·桑达米尔的"鱼猪"，Z Corp 510 彩粉沉积打印。© 保罗·桑达米尔，CFPR 实验室，2008。

数字技术的发展，但也导致了传统报业的逐渐衰退。

如果我们认为 3D 打印与网络通信的颠覆路径相同，那么现在 3D 打印还未进入 "wapping" 阶段。笔者接触 3D 打印的时间不算早，大约在 2005 年，那时商业机器已经投入市场近 20 年了，没有任何行业将 3D 打印作为主要的制造工艺，但在某些实例中却可以看到这一技术正被逐渐纳入实际应用。

现在，3D 打印技术被应用于制造航空航天器的钛合金部件，这些部件有复杂的气流通道，却没有任何铸造接缝，3D 打印的部件增加了空间容量和制冷量。在 F1 赛车中，3D 打印被用来为私家车和司机量身打造特定部件，这些部件大都是一次性的，且制造费用翻倍。牙科行业还广泛使用 3D 打印来制造义齿，这些义齿是单独定制的，可以从一台 3D 打印机中一起打印出来。

最后，3D 打印开始逐渐运用到外科手术中，如整形外科中的断层扫描能转换成 3D 打印的断层副本，便于外科医生弄懂手术该如何进行。尤其在医疗管制不太严格的兽医外科方面能起到较大作用。但目前都没有进行大规模制造，在接下来的几年里可能会有较大的应用。

许多人认为便宜的家用打印机（如 RapMan、MakerBot、Cubify 及 Fab at home）会对 3D 打印的未来产生影响，让人们很难将其作为一种技术来看待。这些打印机的使用确实对 3D 打印的传播起到了作用，但却将其描述得天花乱坠。一些畅销书如科利·多克托罗的 *Maker*（见 160 页），书中的主角使用 3D 打印机和"黏稠物"（理论上指的是环氧树脂材料）制造了从游乐场的旋转木马到电子部件等几乎所有东西！当然，所有这些宣传都是有益的。

3D 打印的未来可能存在于黑客空间和"创客"与"极客"这些社区中，他们可以利用网络和开放源代码社区来扩展 DIY 3D 打印的潜能。

想要预测未来总是很难的，但笔者觉得 3D 打印可能会朝着不同的方面进行发展。3D 打印这一制造金属部件的高端行业还将继续高端下去，主要被大型工业制造商用于生产价值几十万英镑的高科技机器上的高级零件。这些高科技机器会变得越来越专业，在特定领域能生产出某些超高质量的部件。

笔者觉得在过渡时期，3D 打印的中间地带会被 Shapeways、Sculptyo 和 Imaterialise（参见第 2 章）这些服务平台占据。你可以在这些服务平台的网站上订购所需的部件，就像在亚马逊网上订购物品一样。订购后部件会被打印出来，完工后再派送给你。服务平台一边大规模地为顾客定制打印部件，一边控制其规模，减少入库、运输和存储的需求，真正做到了满足顾客的即时需求。笔者觉得这是发展前景最广阔的一部分，因为许多产品都是这样制造出来并派送给顾客的，但顾客几乎都不知道这些都是 3D 打印的成果。回到数字打印模拟这一块，这种制造方法叫作"按需打印"，就像当前一些书籍制作网站如路路（Lulu）、布勒（Blurb）或亚马逊等都是在收到订单后才开始打印和装订图书的。因此，尽管书籍是在大容量的大型机器上进行生产的，也只是一小段连续的打印过程。

可以设想一下，在 3D 打印的"低端"市场上，便宜的打印机充斥着玩具、业余爱好者和学校等市场，就像 20 世纪中期的"麦卡诺"一样。MakerBot 打印机将不可避免地用于制造高质量的教育工具，或是制作可回收材料做的昂贵玩具。但这些打印机真的能长期制造除了食物之外的物品吗？笔者对此持保留意见。事实上，在便宜的熔融积淀成型 (FDM) 机器喷头上已经可以打印出可食用的巧克力和糖粉了。

那么，3D 打印技术是如何运用到艺术创作中的呢？这一技术对艺术的影响是慢慢发展起来的。随着 3D 打印的入门学习变得更为容易，价格也更为合理，越来越多的从业者开始慢慢加入了早期使用者的行列，这些早期使用者还包括设计领域的阿萨·阿叔奇和视觉艺术领域的凯斯·布朗等。随着更多的艺术家和创意人员开始使用 3D 打印，这一技术也必将变得更为主流。但此时此刻，大多数使用者关心的只是这一技术本身，而不是运用该技术所能创造的物件。尽管艺术家很少引领新技术的发展，但某些资深的艺术家正开始打破这一技术的局限，将其运用到更新、更有趣的领域。从这时起，3D 打印技术才真正变得更主流、更实用，而不是仅仅制造一些技术类的人工制品。

笔者确信 3D 打印技术有潜力打破艺术和科学的界限，这一观点最初由查尔斯·珀西·斯诺在20世纪50年代提出。[2] 斯诺解释道，从历史上讲艺术和科学并非是完全分开的领域，但到 20 世纪 50 年代时，它们成了两种完全不同的哲学体系。近年来，多数人试图在艺术和工业之间建立起一种表面的关联关系。与此相反的是，本书的基本原则是在艺术和科学之间建立起直接关联，这是作者在 CFPR 所采用的方法，这一方法还引起了政府和研究理事会的关注。[3] 本研究通过案例说明了这项新技术会如何影响未来工业的发展，如何为英国的经济带来财富，同时也为艺术和工业之间如何建立关联提供了标本。

最后回到视觉艺术领域，3D 打印的潜能在于其可以作为新工具使用。技术本身不会创造艺术；对于使用者而言，技术是无生命力的，是辅助的，尽管这种辅助性在所制造的物体上表现得并不明显。但笔者相信，会有一群艺术家以某种从未设想过的方式来使用该项技术。在写这本书时，笔者遇到过一些创新又精美的作品，这些作品对技术的使用已经超过了工艺本身，让笔者感到惊喜不已。特别是卡琳·桑德尔、斯蒂芬妮·伦珀特、玛丽安·佛利斯特、内里·奥克斯曼、阿萨·阿叔奇以及艾里斯·范·荷本所创作的作品，让笔者不禁想拥有，想与这些作品共同生活。当然，不仅因为这些作品是 3D 打印的，还因为它们所具备的艺术美感。笔者还相信，3D 打印会带来意想不到的民主。从传统意义上讲，这一技术的关注者会认为"极客"和数字界面等需要对软件和工程有所了解，属于年轻男性感兴趣的领域。但事实上，书中笔者提到的 3D 打印从业者有 5/6 都是女性。这说明，至少在创新领域，技术使用者不一定非得遵守数字技术方面的历史准则。

案例研究

为了完成此书，笔者采访了许多在各自领域起领头作用的从业者。笔者把他们分成四类：设计师、艺术家、手工业者和其他领域。作为一名从业者，笔者确信跨领域交流的意义，不喜欢在传统意义上对艺术进行分类。但想用其他方式划分章节也很困难。笔者特意挑选了一些在 3D 打印领域有较长实践经验的从业者。如凯斯·布朗的案例追溯到了 20 年前，3D 打印最早进入商业市场的时候。在采访从业者的时候，为了获取一致的信息，笔者尽量问相同的问题。比如，开始时会问他们如何描述自己

及其实践经历。但每个人的侧重点都不同。因此，笔者用一种非正式的方式转录了采访内容，以便突出每位被采访者在使用 3D 打印时不同于他人的独特方式。这也显示了每位从业者是如何创造性地根据自己的需求处理 3D 打印，如何采用一种与制造商规定的不同的方式来使用该技术的。

本书后面的附录部分附上了访谈问卷及艺术家简介。

1 克里斯·安德森（2010），《原子将成为下一场工业革命的新钻头》，《连线》杂志，2010 年 2 月第 18 卷 2 期 第 58 页，国际标准期刊 编号（ISSN）1059–1028。
2 查尔斯·珀西·斯诺（1959），《两种文化和科技革命——剑桥大学里德演讲》，辛迪加剑桥大学出版社。
3 英国研究理事会（2011），《关于未来的伟大想法——理事会的研究将对未来产生重大影响》，英国研究理事会 2011 年报告，pp.103,108。
  艺术和人文研究委员会，商业研究中心（2011），《艺术和人文以及私人、公共和第三部分之间的隐形连接知识交流》。史云顿，艺术和人文研究委员会，pp.13,16,38。

3D PRINTING FOR ARTISTS
DESIGNERS AND MAKERS

1

视觉艺术的
3D打印历史

本章将概述 3D 打印技术的历史、工程师和工业设计师使用
3D 打印技术进行工业原型设计的兴起以及视觉艺术家将该技术作
为媒介的历史发展进程。

在本书中，笔者只会介绍 3D 打印技术的实体生产，因为市面上已有许多优秀书籍专门描述基于屏幕的数字技术的兴起以及该技术与视觉艺术的关系。《电脑美术室》[1]就是其中一本。笔者建议读者读读虚拟技术的发展，包括大部分的软件发展部分，并注意 3D 打印硬件的三维实体生产。本文要介绍的是从数字文件进行实体生产的发展。因此，笔者要全面介绍一下硬件技术的发展历史，及其对 3D 打印发展的贡献。然后从艺术实践案例来阐述历史，目的是创建一个时间表，以显示艺术家是如何运用该技术以及在工业发展时 3D 打印技术的发展。

艺术家常常采用商业工艺流程并将其并入艺术实践标准之中。与此相同的是，3D 打印的起源也可归到许多历史情境和起点之下。特别是 3D 打印这种新技术，有许多可追溯的发展模式。但目前除了简单的工程技术发展外，还没有一个清晰界定的历史。当前的观点是 3D 打印的历史始于 1976 年之后，这与笔者的观点不谋而合。但我们必须意识到一点，关于早期技术发展历史的推测，起始于 19 世纪 50 年代。[2]正是基于这些早期技术的推测，才有了我们此处引述的视觉艺术的 3D 打印历史。

Unfold，"地层学制造"，2011 年。
Unfold 是一家比利时公司，其首次从 FDM 打印机挤压
出黏土，属于分布式生产系统项目"地层学制造"的一
部分。

乔纳森·基普，"噪声形态5"，2012年。
高温焙烧的釉面粗陶土，在 Rapman 3D 打印机上打印。
© 乔纳森·基普

　　从历史的角度考察视觉艺术中采用 3D 打印技术是可笑的，因为事实上，大多数 3D 打印产业只是突然意识到这个技术可以运用到艺术中。但这与艺术家渴望采用这种技术是不同的。很显然，我们在引述各项工艺时，并没有证据证明之后所有的创造都由之前的作品启发而来。但是，一旦某一工艺进入公众领域，就开始有通用和创新这两方面的发展。因此，要创建视觉艺术的 3D 打印史，我们可以深入研究该打印技术最早的起源，类似于研究新石器文化中陶瓷的发展。与其

他制作或工艺不同的是，制作陶器是一个直接添加的过程。简单点说，就是一次添加一圈黏土，直到做成成品。此手工过程与制作 3D 物品的熔融积淀法（FDM）有相似之处。FDM 是用一圈加热的塑料线来制作 3D 打印物品，其制作工艺与利用挤压黏土制作陶器是完全一致的。

　　比利时的 Unfold 工作室[3] 首次开发了挤压黏土的 3D 工艺，之后乔纳森·基普[4] 和彼得·沃尔特斯[5] 等开始应用，用装有黏土的注射器取代了加热的熔融积淀上端和塑料制品。

美国，"尤利西斯·辛普森·格兰特"，复印版，1870 年。
尤利西斯·辛普森·格兰特的象牙石膏模型。尤利西斯穿着军装，坐在包布椅子上抽烟，
木纹底漆上写着姓名的大写"U.S.G."，前面写着"照相雕塑"，
雕塑后面写着"帕特，1867 年 8 月 27 日"，53cm 高。
这一雕塑位于房间的中央，周围是 24 台照相机，用每一张照片从 24 个剖面来构建黏土模型，
使用模型建造的模具来铸造小雕像。
1864 年 8 月 9 日，弗朗索瓦·威廉（F.willeme）被授予照相雕塑专利权。

在 3D 打印到来之前，多数三维制造过程都是删减的。换句话说，就是从一大块材料中雕刻或加工物品。但笔者觉得这种说法相当主观，因为铸造工艺就是一个逐渐添加的过程。要创建模具，必须首先创建正象（或电火花腐蚀中使用的电极），而这个正象通常用删减的方法来创建。比如，在电火花腐蚀中，通过电流产生火花来腐蚀金属，其正极凸版必须在石墨或铜中磨碎后才能创建电极。这一点与工程实践直接相关，为理解传统美术工艺中的雕刻和造型提供了便利。雕刻是一种删减的过程，如雕刻一块木头或大理石，而造型是一种添加的过程，如制作青铜铸件的头部模型时，需要慢慢添加黏土塑造模型。

回过头来谈谈 3D 打印的早期历史。2001 年，来自美国德州大学奥斯汀分校的约瑟夫·比曼[6]从地貌成形技术和照相雕塑这两个角度追溯了 3D 打印从 19 世纪中期到 20 世纪 70 年代的历史。其中，地貌成形技术是指先用线性方式描绘物体的外形，再用线性形式复制出该物体。照相雕塑是指先用相机和镜头获取物体外形，然后模拟照相制版法制造出物体。比曼根据这种技术差异将 3D 打印的发展主要分为两个方向。一个是用粉末沉积和分层物体制造的方法进行 3D 打印，如 Z Corp 的工艺就与地貌成形技术类似。而另一个（照相雕塑）则强调用光照射液态光

敏树脂使之加固，如 Objet 3D 的打印技术。

比曼的照相雕塑发展路径始于 1863 年威廉被授予照相雕塑专利之时；地貌成形发展路径始于 1890 年布兰特尔（Blanther）在专利中"建议使用层叠成形法制作地形起伏图模型"。这种方法是将地形等高线层压到一系列的蜡片中，并根据等高线切割蜡片。

尽管笔者认同这两个发展路径的基本原理，但这两者在时间上有许多交叉重叠的地方。笔者觉得地貌成形路径应起始于 19 世纪之初，正值蒸汽机发明者詹姆斯·瓦特使用雕塑复印机之时。瓦特从 1800 年退休至 1819 年去世，发明了一系列复制雕塑的机器，却从未获取专利。

在伦敦科学博物馆里仍保存着瓦特工作室，从中可以看到这些传世机器。[7]在笔者看来，这些机器才是比曼所说的地貌成形机器的前身。本杰明·切维顿[8]将雕塑复印机进行了改进，于 1884 年获得了缩放雕塑的雕塑复印机专利，其作用很像三维缩放仪。切维顿的机器复制品也可以在伦敦科学博物馆里看到。

1   2

1. 本杰明·切维顿，用大英博物馆中的埃尔金大理石雕制成的"'提修斯'雕塑复印"，1851 年。

本杰明·切维顿的伯利安瓷半身雕塑。19 世纪早期，中产阶级喜欢展览文学界和音乐界的名人半身雕塑或有名的古董雕塑复制品。伯利安瓷作为一种新材料最初由科普兰和加勒特公司在 19 世纪 40 年代引进，之后的明顿瓷器也加以引进。这种材料未上釉，有细密的纹理，表面有淡淡的光泽，迅速取代了熟石膏。

詹姆斯·瓦特（1736 –1819）发明了缩放原作品的复印机。

1836 年，切维顿在其基础上进行了改进并投入商业使用。© 科学与社会图片库，科学博物馆集团有限公司。

2. 1838 年，阿希尔·科拉斯用缩放仪制成的罗伯特·骚塞先生的浅浮雕。© 研究资料馆藏中心，爱丁堡大学图书馆。

切维顿的机器上装有一个旋转的钻头，用于雕刻缩放版的著名雕塑。1851 年，切维顿在世界博览会上展览了其缩放雕刻复印机，"'提修斯'的雕塑复印"还获得了金奖，该雕塑采用大英博物馆中的埃尔金大理石雕制而成。切维顿的许多雕塑复印品现今仍可以找到，加拿大安大略美术馆就有他的 200 多件作品。与此同时，法国工程师兼设计师阿希尔·科拉斯[9]用缩放仪研究出另一种复制雕塑的方法。笔者认为前面提到的这些机器才是数控铣床的前身，而数控铣床是 3D 打印的前身。

比曼提到的另一条路径与摄影术及其派生物——照相雕塑直接相关。从某种程度上讲，这为我们从艺术角度研究 3D 打印的历史提供了便利，因为要追溯 19 世纪早期与摄影相关的 3D 雕塑创作发展是比较容易的。沃尔特斯和瑟克尔[10]认为可以在摄影扫描和重建中找到 3D 打印的起源，比如先前提到的 19 世纪 60 年代由弗朗索瓦·威廉[11]研制的照相雕塑工艺，以及 1904 年被卡洛·贝斯申请了美国专利的"照相法复制塑料品"。[12]

威廉把物体放在圆形房间的中心，并沿着房间的圆周摆好了 24 部照相机。照相之后，威廉把获得的照片轮廓投射到一个屏幕上。艺术家们就是利用这些轮廓以及配有小刀或雕塑工具的缩放仪从圆柱形石膏或黏土中雕刻出半身像来的。因此，可以说那 24 张照片构建了半身像的外形。这样做成的雕塑还需要细心观察，打磨不平之处使之平滑，然后再涂石膏建模具。威廉的工艺被完好地保存下来，获得了较高的商业价值。他在巴黎的工作室从 1863 年到 1868 年一直在运作。[13]

索别沙克在一篇关于法国照相雕塑的文章中写道："事实上，威廉的工艺有两个阶段，其中一个早期的工艺被索别沙克称为机械雕刻。"[14]在与被照物体等距的圆形区域内拍了 50 张照片，照片被洗出来后将其轮廓单独刻在木头上，然后把木头切成两半，再把每块木头的半剖面图轮廓描绘在单独的锲子上。最后，将所有 100 个锲子聚在一起构成一个环形半身像。这是切分物体的最早案例之一，与现今 3D 打印工艺切分物体的方法是完全一致的。这一工艺现存的实例可以在纽约州罗契斯特市的伊士曼柯达博物馆找到。

在美国，卡洛·贝斯建议在威廉的制作工艺中加入重铬酸铵明胶使雕刻品更为柔和，这一应用在福克斯·塔尔博特和沃尔特·伍德伯里的作品中比较成功。贝斯建议把一层层膨胀胶质叠放起来，以便在拍摄头部时制造出浮雕的效果。但并不清楚他是否真正采用了该工艺或将其商业化。但从 21 世纪的现在和笔者使用重铬酸铵明胶的经验来看，这一工艺并不可行（超出了理论）。因为雕塑家不仅需要处理许多层明胶，而且在添加新叠层时，上一叠层可能已经收缩变硬了。这些技术挑战会使整个工艺既复杂又耗时。但这个想法比较有前瞻性，在贝斯为其工艺申请专利时，必然取得了某些实质性的进展，并因此促成了他在新技术领域的先锋地位。

笔者认为，威廉的方法更像是从地貌成形的角度入手的，而比曼明显是从照相的角度进行的，因为他使用了感光明胶。明胶是一种生物聚合物，是当前 3D 打印中所需聚合物的前身。如果回顾维多利亚时代早期的摄影术，我们能看到从 1839 年蒙戈·庞顿发现铬合金硬化材料的性能开始，感光材料就开始发展了。"庞顿发现，浸泡在重铬酸钾中的纸张在日光的照射下会变成棕色，但没有日光照射的部分会从纸张中溶出。"[15]

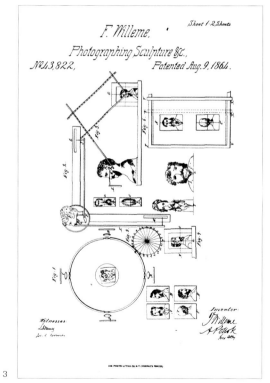

3. 卡洛·贝斯 "照相法复制塑料品" 的专利图解，美国专利 774549 (1904)。转载自 2007 年《人工制品》第 1 卷第 4 期。
4. 威廉 "照相雕塑" 的专利图解，美国专利 43822 (1864)。

3

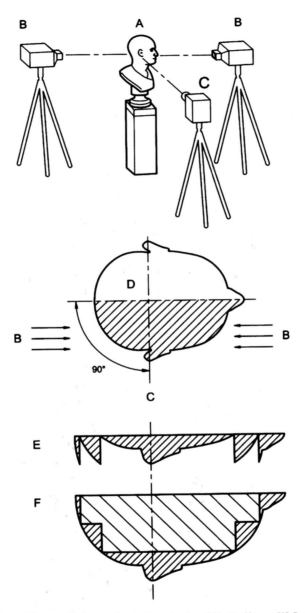

Figure 2. Carlo Baese: Photographic Process for the Reproduction of Plastic Objects, US Patent 774,549: 1904 (a) bust form to be reproduced; (b) projectors illuminating bust front and rear with graduated light; (c) camera; (d) plan section through bust; (e) gelatine sections after expansion reproducing shape of bust; (f) gelatine sections on stepped support. Drawings after extracts from the Patent document.

1

2

如果把庞顿的作品放在沃尔特·伍德伯里发现的照片浮雕工艺（1865）中，并关注这些工艺的发展，直至乔治·卡特利奇开始用陶瓷照相制作浮雕瓷砖（20世纪早期），那么3D打印起源的年代表就能更清晰、更有逻辑。毫无疑问，这些工艺标志着光敏树脂浮雕工艺的诞生，它是现代3D打印的重要部分。

庞顿发现了铬盐的感光特性，但这一发现是建立在威廉·亨利·福克斯·塔尔博特的研究成果基础之上的。1847年，塔尔博特申请了专利，将明胶和重铬酸钾结合使用[16]。这两人的发现为20世纪所有照相制版印刷工艺奠定了基础，最终导致了现代光敏树脂3D打印的诞生。

这些工艺发展历程中与未来的3D打印联系更为密切的一点是，1865年，沃尔特·伍德伯里[17]研发了连续色调的照相浮雕工艺，将一张黑白照片制作得有彩色、有凸面。伍德伯里把一块厚25mm的明胶放到3.5%的重铬酸钾溶液中使明胶感光。如果放在照相底片之下，明胶会随着所给光的强度增加而逐渐变硬。一旦水洗后，明胶就会形成有色调的浮雕——三维"凹凸地形图"，亮区凸出来，暗区凹进去。于是，伍德伯里从明胶上制作了一个浮雕片，然后放在热的半透明明胶墨中，制造出了许多连续色调的印刷。冷却之后，印刷品的色调完全由明胶的深度决定；明胶越厚，印刷品就越暗。尽管这种浮雕很浅，但重要的是，这是历史上第一次在不使用任何转换工艺的情况下，将一张照片直接转换成三维立体表面。

1.1877年，"权威人士"中伍德伯里的肖像。洛克和维特菲尔德的摄影作品©CFPR布里斯托尔档案馆

2.1877年，"权威人士"中伍德伯里的肖像。洛克和维特菲尔德的摄影作品©CFPR布里斯托尔档案馆

3

　　结果是惊人的。最好的例子可能是约翰·汤普森 1877 年制作的"伦敦街头生活"，[18] 这也是最早的社会纪实摄影之一。但其制作工序存在一些问题，在整个过程中，需要技术娴熟的人制作浮雕片、印刷图片，而且由于印刷时压力过大，热明胶液从浮雕片两侧喷射出来，导致必须把印刷图片剪下来，用手粘贴到出版物上。所以，即使该工艺能印刷出高质量的图片，也显然不会被纳入大规模的商业生产中。

　　60 年以后，到了 20 世纪 30 年代，工业陶艺家沃尔特·福特所在的时代。福特来自美国俄亥俄州的福特陶艺公司。福特在沃尔特·伍德伯里明胶工艺的基础上，成功创制了浅浮雕陶瓷模具。福特并没有制作浮雕片，而是用感光明胶版制作了一个石膏模具，并浇铸模具制成陶瓷浮雕瓷砖，在"素烧坯"闪光时，加入半透明釉，以此制造了照相色调浮雕。当釉汇集在凹区时变厚，形成暗色调，凸区釉料很薄，两者组合在一起产生了摄影中的强光效果。福特在 1936 年因这项工艺获得了专利。[19] 重要的是福特用永久性材料创造了有形浮雕照片影像，不需要手工艺者将影像制作成成品。[20]

4

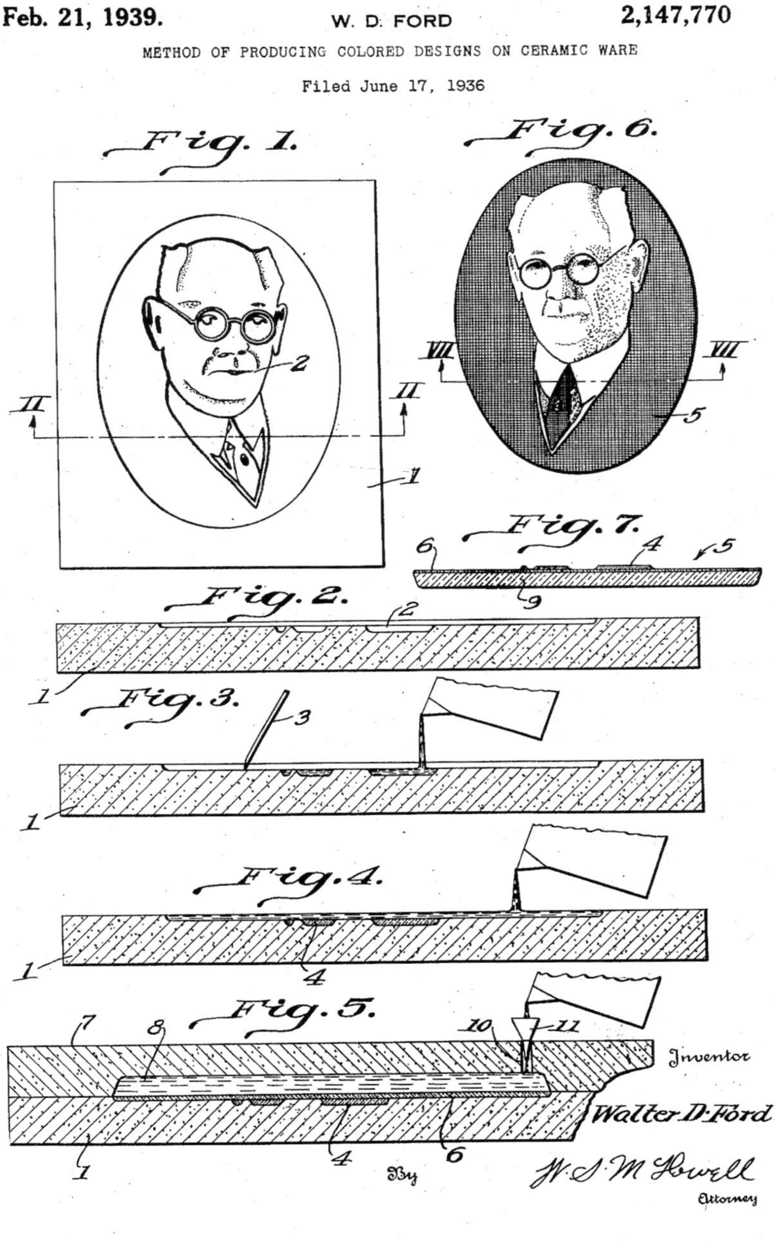
Feb. 21, 1939.
W. D. FORD
2,147,770
METHOD OF PRODUCING COLORED DESIGNS ON CERAMIC WARE
Filed June 17, 1936
Fig. 1.
Fig. 6.
Fig. 7.
Fig. 2.
Fig. 3.
Fig. 4.
Fig. 5.
Inventor
Walter D. Ford
By
Attorney

3. 约翰·汤普森，“来自意大利的街头音乐家：伦敦街头生活”，1877–1878。
伍德伯里照相印版印刷品。由克里斯普女士提供 © 维多利亚和艾伯特图片，维多利亚和艾伯特博物馆。
4. 沃尔特·福特使用重铬酸盐明胶陶瓷照相法的专利图解，美国专利 2147770（1939 年 2 月 21 日，1956 年 6 月 17 日归档）。

203

204

205

206

福特的工艺直接从乔治·卡特利奇的创造中衍生而来。在 19 世纪 80 年代到 20 世纪初，卡特利奇创造了陶瓷照相浮雕瓷砖。色调的范围由浮雕的高度来决定，亮区高、暗区低。一旦采用了半透明釉，瓷砖会表现出典型的摄影特点，色调由瓷砖浮雕的高度决定，呈现大量的暗区和微小色调区别的亮区。由于这些瓷砖主要为舍温和科顿公司制造，人们普遍认为它们是"福特瓷砖"的前身。[21] 从笔者与卡特利奇外甥之间的交谈，以及布里斯托尔 CFPR 在 2003—2006 年的研究，可以确定这些瓷砖是用蜡从照相底片中雕刻出来的，与同一时期在法国利摩日制造的照相隐雕瓷器使用的方法相同。[22]之所以把福特放在卡特利奇之前讲，是因为福特的照相制版法是直接从伍德伯里衍生而来的。尽管从属性和外观来看，卡特利奇瓷砖都像是用照相制版法制成的，但事实上全都是其亲手绘制的。显然，这些瓷砖影响了福特以及他后来的陶瓷照相作品。了解这些工艺法后，我们现在有了直接转录照相工艺的基础，并通过这些工艺制作出具有照片真实感的三维物体。

再回来谈谈地貌形成路径。20 世纪 50 年代，伦敦雕塑家乔治·麦克唐纳·里德用陆军地图制作机器将威廉的工艺进行了延伸，制造出了一系列的半身雕像。里德的工艺将手、摄影和改装车床结合起来。为了制作 3D 模型，里德还绘制了曲面轮廓，这一点与威廉的工艺法非常类似。

为了获取资料，将物体摆放到一张旋转椅上，给物体拍摄 300 张侧面照。然后将照片转录到一张侧影图上，用石膏加工切削成型。两部"百代新闻"的电影展示了整个工艺流程。其中一部是 1957 年的《雕刻机器人》，

乔治·卡特利奇最初的铅铸卡特利奇蜡模具。©托尼·约翰逊档案馆

讲述的是丹麦女演员里尔莫尔·克努森[23]头部雕塑的创作过程，另一部是1963年的《即时雕塑》，讲述的是赛车手格拉汉姆·希尔的故事。[24]从这两部电影可以看出，麦克唐纳·里德在相隔6年的时间里，在雕塑制作工艺流程上做了不少改进。

1956年，奥托·芒兹申请了一个专利，该专利比多数3D打印技术早30年，[25]但比曼认为这项专利清楚显示了摄影和现有技术之间的关联。在专利中，芒兹假定了一种"照相凹版记录"的概念：

在透明介质悬浮中有一层卤化银照相乳剂，在曝光层预定的焦点上进行一定的辐射处理，在显影和定影层中加入照相乳剂，在上述的照相乳剂层加入另外一层未曝光的照相乳剂，再将上述未曝光的照相乳剂层放到上述被辐射处理的焦点上，继续这一循环。循环的次数由记录的第三次强度决定。

简单点说，他建议依次曝光一层照相乳剂，每次通过光照使之变硬，以此来制造3D物体。他将待曝光的照相图片用感光聚合树脂处理，图片在曝光后硬化。这一技术打破了伍德伯里照相印版法、贝斯制作工艺以及目前3D打印增材技术之间的鸿沟。Objet和Envision公司技术（在第2章中概述）正是使用了这一技术。

直到20世纪60年代，光敏树脂乳剂才开始在印刷业广泛使用，尤其是柔性版印刷工艺变得越发广泛。[26]最开始这一工艺被称为"阿尼林印刷"，在1952年，被改名为"柔版印刷"。这是当前使用最广泛的印刷工艺之一，所有与包装相关的东西都是由"柔版印刷"打印出来的，包括牛奶瓶、麦片包装以及冰箱中的所有盒子等。这些都是伍德伯里照相印版、凹版印刷等感光明胶工艺的直接产物。现在使用的感光乳剂有许多品种，

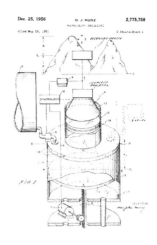

奥托·芒兹"照相凹版记录"的专利图解，美国专利2775758（1956年12月25日）。

可以制造出不同大小的印刷版，从几英寸厚到薄薄的滚轮都有。由于版的构成不同，变硬后产生的印刷版从极薄到极厚的都有。这种感光聚合乳剂的化学过程正是 3D 打印工业的基础，让照相聚合塑料通过曝光变硬来制作物体。

然而，任何工艺的发展历史都不可能是直线的。因此，要了解 3D 打印的历史一定要追溯与之相关的其他历史或时间表才行。大多数技术的发展与该领域其他技术的发展是既独立又密不可分的，比如感光聚合乳剂和摄影的发展都与 3D 打印相关。但我们还需要考虑工程技术的发展，特别是数控铣床（CNC）以及计算机辅助（CAD）技术。

如果从工程的角度来看待 3D 打印的发展，3D 打印是数控铣床的直接产物。数控铣床按照翻译到文件中的数字数据去除固体砌块制造物体。20 世纪 40 年代，这一技术研发出来，最先研发出数控部分的是一位美国的工程机械师兼推销员约翰·帕森斯。20 世纪五六十年代，这一工艺继续发展。[27] 至 20 世纪 70 年代，随着电脑和 CNC 机器的价格大幅下降，CNC 迅速成为工业制造流程的基石。随着 CNC 的发展，CAD 技术也自然而然地出现了，因为与在其他许多领域的使用一样，CAD 技术将制图者或设计师与机器分离开来。很难向非专业人士解释为什么 CNC 机床能在三轴、四轴和五轴联动数控铣床中运用得如此广泛。可能最好的解释就是，如果你想购买机器部件或一整部机器，不论是金属还是塑料的，如果不是通过 CNC 机床制造，那么构成这一部件或机器的模具一定是通过 CNC 机床制造的。

首先，笔者来简述一下铣削是什么。铣削是一个削减的过程。从本质上讲，是指从一大块材料中钻取物体的过程。从历史上讲，还包括把一块木头或金属水平地安放在机床上，接着木头或金属旋转起来，然后用凿子或切削工具在旋转的物体上进行切削。机床最常见的应用就是传统圆椅腿，从一块矩形木头中切削出来。

接着，铣技术的发展进入铣床阶段。物体可以水平或垂直地被安放在机床上。重要的是，在铣床上，旋转起来的不是物体本身而是切削工具。在这个过程中使用的是钻子或镂铣机作为旋转工具来切削物体。

铣技术进一步的发展是钻子或镂铣机可以前后、水平或垂直地移动。随着 20 世纪 70 年代个人电脑的出现，切削工具的切割路径不再需要操作员进行现场控制，可以通过电脑程序来控制，因而进入了数控阶段。

多年来，艺术家一直运用数控铣床进行工作。数控铣床的影响也扩大到了激光切割、镂铣（本书中，笔者将镂铣机定义成一种可以在二维或三维中进行短轴铣削的机器）以及 3D 打印领域。

随着 CAD 程序的引进，人们很难将使用数控作为创作手法的艺术从业者与使用早期形式 3D 打印的艺术从业者区分看待。因为这两种创作方法使用的是同一数字文件，两种手法也有交叉的地方。在 3D 打印发展初期，艺术家们倾向于两种手法都使用。现今很多艺术家仍然如此。

在笔者看来，现存最早的数字打印艺术品出现于 1976 年，来自艺术家理查德·汉密尔顿的"重塑五个轮胎"。在开启艺术生涯之前，理查德·汉密尔顿是一名工程绘图员，这一工作背景在其艺术生涯中起到了重要作用，从担架上的铝制接头到"五个轮胎"及其所热爱的数字技术都与其工程绘图背景有关。汉密尔顿是早期使用"宽泰绘图和哈里"（电脑成像设计系统）的人之一。在 2003—2010 年期间，笔者和汉密尔顿在私下有过交谈。他向笔者阐述了自己如何在 20 世纪 60 年代制作了"五个废弃轮胎"的珂罗版印刷，但他发现用工程制图的方法制作物品太慢了。于是，1966 年他印刷了一个珂罗版印刷品后，便放弃了这一项目。[28] 1976 年，他发现可以用电脑生成数控文件来定制铜版的路线，形成一个硅胶材料的模具。这一发现导致 2.5 维印刷被用来制作一盒装七个印刷品系列，最终形成了"重塑五个轮胎"系列。我们不太清楚他是如何找到电脑程序设计员的。2007 年和他交谈时，他说是在麻省理工学院的帮助下创建的数控文件。但是艺术与人文研究理事会（AHRC）的网站上写道：[29]

当一位美国经销商想找一名精于用电脑绘制透视图的程序员时，这一项目复活了。凯耶仪器（Kaye Instruments）的斯瑞尔·马丁采用一种叫 CAPER（计算机辅助透视）的 FORTRAN 程序用电脑绘制了透视图。之后，斯图加特的弗兰克·基歇尔进行了丝网印刷，住他隔壁的斯克里伯进行了珂罗版印刷。

笔者认为，3D 铜版及轮压硅胶模型是最早有名的功能性 3D 艺术品。汉密尔顿制作了 75 盒装七个印刷品以及单个版本、只包括胶印花的 75 盒装。重要的是，这两种印刷版本的工艺流程是完全由图片决定的。电脑和数控铣床路径帮助汉密尔顿获得了他想要的结果，这一结果在当时是用任何其他方法无法取得的。毫无疑问，其他艺术家也在同一时期开始使用数控技术从数字文件中创作作品。最早的是俄亥俄州立大学艺术系的查尔斯·苏黎，1968 年，他创作了"Ridges Over Time"以及"雕塑绘图"。作为一个在国际图形年会（有成千上万的计算机专家参加，是视觉数字艺术创新的标准）上不停有早期数字作品展览的艺术家，苏黎提到了 SIGGPRAPH 对他的献词："这一作品的表面是用贝塞尔函数生成，接着用电脑程序生成穿孔纸带来显示坐标数据。作品还对三轴连续路径、数控铣床进行说明。"用苏黎的话说："尽管这个装置能生成光滑的表面，但我觉得留下刀痕的路径更好。"[30]

查尔斯·苏黎，"Ridges Over Time"，1968 年，数控加工的木质雕塑。© 查尔斯·苏黎

近来，使用数控铣床最好的艺术实践可能是安东尼·葛姆雷的"科尔"，这一作品是在伦敦城市大学的"城市作品"（制造和数字技术工作室）制作而成。

此处引用《德泽恩》（De Zeen）杂志关于制作"科尔"的介绍：[31]

安东尼·葛姆雷首次使用数字制造来制作男性具象雕塑。该工艺如果像之前一样纯手工制作，需要三周才能完成。但使用数字技术不仅快，还能获得一个更为精准的模型。这一令人惊叹的铁质雕塑是在造型泡沫塑料上用电脑数控规划路径，然后用铁铸型，最后通过手工完成。该雕塑被悬挂在一道横梁上，横梁旁边是用来制造该雕塑的数控铣床。整个雕塑被放在市中心雄伟的机械大厅里。葛姆雷说："目的是想看看这个雕塑是否会被再次说成是泡状模型，即紧密的多边形细胞，彻底将解剖学问题转变成几何学。"

历年来，许多艺术家都开始使用数控技术生成图像，但很少涉及 3D 打印。直到 1986 年，[32]第一台打印机 3D 系统立体平版印刷机 SLA1 的出现，艺术家才真正开始将 3D 文件转变成 3D 添加法印刷物体。艺术家在该打印机出现三年后开始使用 3D 打印技术，到 20 世纪 80 年代，3D 打印技术才真正迎来属于自己的发展。20 世纪 90 年代，艺术家和快速成型之间建立起紧密联系，这十年标志着两者关系的诞生。然而，许多艺术家并入大学学术研究文化之中，这让他们有资源

和能力来使用新研制的昂贵研究工具。但人们必须记住这是一种新型制作技术。

直到近些年来，艾里斯·范·荷本[33]和内里·奥克斯曼[34]等著名的艺术家和设计师才开始将 3D 打印物品加入艺术实践中，并将它们归为物质成果必不可少的一部分。2012 年，介导物质研究组主任兼 MIT 媒体实验室媒体艺术与科学系助理教授内里·奥克斯曼受巴黎蓬皮杜艺术中心的委托，举行了一场全新的展览会。"虚构生命体：那些不存在的神话"展览包含 18 件艺术品，打破了 3D 打印技术与 Objet 公司（用该公司的 Connex 使用 3D 打印制作出全部艺术品，并为此次展览提供了赞助支持）高级研发之间的界限。艾里斯·范·荷本是一名荷兰时尚设计师，因其漂亮的 3D 打印服装而出名，于 2007 年创建了自己的品牌。起初她在纳姆艺术学校学习艺术，接着在世界著名的伦敦时尚设计师亚历山大·麦克奎恩以及广受欢迎的荷兰设计师克劳迪·荣斯特拉处实习。艾里斯·范·荷本最近刚举办了第二场全是 3D 打印服装的时装秀。2012 年 7 月，"混合整体"(Hybrid Holism) 出现在高级定制时装周。这一3D 打印女装由荷本和茉莉亚·克尔纳为时装周合作完成，由专业 3D 打印机构"iMaterialise"打印。

笔者个人认为，在研究工艺的历史时，导致现存工艺出现的初期发展总能引人思考。真正的发展也往往起始于第一个现存的工艺。

在阐述推动商业机器发展的工艺时，必须把第一例现存的研究机器与第一例现存的商业机器分开。即豪斯霍尔德和郝伯特制作的第一台研究机器能进行 3D 印刷，但其工艺却不能重复试验；而第一台商业机器则一定有持续产出的效果。在检查现存的商业机器或讨论艺术家如何利用技术之前，我们必须先考察第一台研究机器的历史。

在一篇名为"低成本 3D 打印的知识产权启示"（艾德里安·鲍耶等）的文章中，假设第一个提出申请 3D 快速成型工艺专利的是温·凯利·斯文森，其申请的理由是"用激光在液态单体的表面生成一个共价交联，把放在托盘上待加工的物体放在该单体的表面，发现物体一点点逐渐落入桶中"。尽管这种机器从未真正制成，但这一工艺促使了 3D 系统制作立体平版印刷机的发展。进一步的发展（据布雷拉[35]和比曼所说）还包括 1981 年名古屋市研究机构的木灵秀夫专利，[36] 以及 3M 公司的郝伯特专利，[37] 这两者均使用激光在液体高分子中交联感光聚合溶液。在选择性激光烧结（金属烧结和尼龙烧结的基础）方面另一重大研究工艺由奥斯汀得克萨斯大学卡尔·德卡德教授在 20 世纪 80 年代中期研制并申请了专利。[38] 在美国国防部高级研究计划局（DARPA）提供赞助以及约瑟夫·比曼和戴夫·布雷拉的合作下，德卡德研制出一种制造工艺，让粉状材料在激光束照射下一层层熔化。1979 年，豪斯霍尔德获得了一项类似工艺的专利，但没有将其商业化。除了 1981 年豪斯霍尔德申请的专利中第一次描述了激光熔融粉末 3D 打印系统，以及比曼等人编写的《固体自由成型制造》一书进行了简单描述之外，很难找到关于这一工艺的其他信息。[39] 但至关重要的一点是，比曼在《固体自由成型制造》中说道，这些机器事实上都能制造部件。

再来谈谈商业机器。毫无疑问，第一台现存的商业机器 SLA1 是用 3D 系统制造的，查尔斯·赫尔于 1986 年获得该机器的专利。这一机器在液体的表面使用激光一层层交联液态光敏树脂。[40]

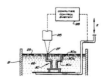

查尔斯·赫尔，"立体平版印刷装置生成三维物体"STL 3D 系统专利，美国专利 4575330（1986 年 3 月 11 日）。

藤幡正树，"禁果"，1990 年，立体平版印刷作品的数字摄影。© 藤幡正树

这一工艺与 1976 年斯温森专利相似的一点是，都只使用了一束激光。在一个盛有液态光敏树脂的容器中，让底版慢慢降下来浸入液体中，激光照射时，物体一层层变硬。与之前的古登堡等一样，赫尔最大的贡献是将工艺所需的所有元素都放在一起运作。因此，查尔斯·赫尔的另一个重大贡献就是光固化文件格式——现今 3D 打印文件转录的基础。正是文件转录和打印的结合才使 3D 打印成了创新性技术。

艺术家首个现存的 3D 打印品是 20 世纪 90 年代用光固化机制成。笔者发现的最早的作品是 1989 年藤幡正树创作的"禁果"。正树[41] 是东京艺术大学教授，与他通信后，他对于首个 3D 打印作品的起源有如下描述：

"80 年代后期，我开始使用电脑制作雕塑。我在 1987 年和 1989 年举办过两次展览活动。1987 年的展览名为'几何学的爱'，使用数控铣床制成。1989 年的'禁果'则采用所谓的立体平版印刷技术。"

The Burning Man, wax model © Terezakis 1992 - 2012

彼得·特雷扎基斯，"火烧人"，1992–2012，蜡模型。© 彼得·特雷扎基斯

笔者能找到的另一件最早的 3D 打印艺术品是美国艺术家彼得·特雷扎基斯[42]1992 年创作的"火烧人"。在近期与彼得的联系中，他说道：

我对 3D 打印之所以感兴趣，最初源于我对电镀时金属离子中原子移动的兴趣，在语法学校学习迈克尔·法拉利的实验时才真正开始了解 3D 打印。在成年时期，我开始进行电铸实验。随着个人电脑和 CAD 设计软件包的出现，我开始使用切削机器来创作作品。1993 年，我开始在纽约视觉艺术大学教授被我称为"数字雕塑"的课程。几年后，我给纽约市许多机构举办了 CAD（及新出来的 CAM 计算机辅助制造）讲座。

这些 3D 打印视觉艺术行业的领导者源自一群艺术家。其中比较有名的是来自亚利桑那州立大学的丹·柯林斯。丹管理着 PRISM 实验室，这家实验室主要研究跨领域的 3D 建模和快速成型。1994 年，他创作了一个 3D 打印作品"多个头部"，[43] 其使用工艺的过程如下：

20 世纪 90 年代，我开始使用数字输出技术。1993 年，我在亚利桑那州斯科茨代尔的丽莎·塞特美术馆举办了一次名为"数字修辞"的展览。在此一年前，我进行了 3D 激光扫描头部转换试验。那是我第一次展览作品，展览的雕塑都是使用数控铣床"削减"出来的。一两年后，随着数控铣床等技术让人负担得起且便利可得，快速成型技术时代开始到来。1996 年，我在亚利桑那州立大学设立了 PRISM（空间模型合作研究）实验室。该实验室拥有最早的 3D 打印机（快速成型机）之一，使用 BETA 喷墨滴技术进行打印。一年后，我们拿到了使用熔融沉积成型的 Stratasys 打印机。

丹·柯林斯，"多个头部"，含水煅石膏，1993 年。这一雕塑通过
3D 激光扫描捕捉艺术家的头部运动而制成，将扫描数据转换到 CAD
模型中，然后使用数控机床在蜡上加工，最后将蜡原型转换成含水煅
石膏铸件。© 丹·柯林斯

CHANT COSMIQUE.
.étude en maillage filaire sur Autocad.

1

1.克里斯蒂安·拉维妮，"宇宙之歌"，1994 年，
立体平版印刷作品。© 克里斯蒂安·拉维妮
2.玛丽·维萨，"生命之环"，2011 年。© 玛丽·维萨

2

1994 年，法国艺术家克里斯蒂安·拉维妮创作了法国第一件立体平版印刷作品，在同一时期，她与亚历山大·维特凯恩以及美国视觉艺术家玛丽·维萨共同成立了"Ars Mathmatetica"组织。[44]拉维妮介绍了"Ars Mathmatetica"的起源：

"'Ars Mathmatetica'创建于 20 年前，是一家非营利组织。'数字雕塑'这一全新领域的许多艺术家和技术，我们都一一知晓。1993 年，我们在巴黎综合理工学院举办了全球首个计算机雕塑展览，后来这一展览变成了两年一次的定期雕塑展览。就个人而言，我从 20 世纪 80 年代初期开始使用计算机进行艺术创作，1985 年第一次使用了数控机床。1994 年，在巴黎中央理工大学和法国快速成型协会的协助下，我完成了首个数字雕塑作品。起初，'宇宙之歌'这一雕塑准备在 1990 年使用快速成型工艺来创作，这一工艺是由让·克洛德·安德烈在南希发明。我们要知道的一点是，立体平版印刷工艺首先在法国发明同时获得专利，然后才在美国运用。"

玛丽·维萨教授在得克萨斯州乔治城的西南大学教雕塑和计算机成像课程。在 20 世纪 80 年代早期，她为布朗研讨会挑选作品举办了国家数字艺术展览。维萨在 1992 年因快速成型工艺获得了芒迪奖学金，并与亚利桑那州立大学的 PRISM 实验室完成了实体建模合作。2003 年，她成了快速成型雕塑展览的策展人之一。最近，她获得了卡伦补助金，与 Accelerated 技术合作，将她的雕塑作品使用聚碳酸酯和青铜材料，利用快速成型技术进行大规模生产。

早期重要的艺术领导者还包括亚历山大·维特凯恩、斯图尔特·迪克森、新泽西威廉帕特森大学雕塑和数字媒体副教授迈克尔·里斯以及英国曼彻斯特城市大学雕塑和数字技术教授凯斯·布朗（见第 4 章案例研究）。这些艺术家是笔者在研究书中的课题时发现的早期领导者。如果有任何遗漏，请见谅。笔者觉得没必要把那些填补 20 世纪 90 年代至 2012 年技术空白的艺术家一一列出来，这与本书也没多大联系。如果一一列出，可能有好几百位，还会被认为主观性太强。笔者觉得书中的这些案例研究、通信和采访已经填补了这些年的空白，也提供了一些背景信息。

我们现处在 21 世纪的第二个十年里。毫无疑问，3D 打印已在视觉艺术领域获得了更为广泛的运用。如今，人们主要依据学科的不同采用不同的方式使用着这些工艺，也有较少一部分人依据对技术的了解而采取不同的方式。根据笔者对于许多艺术家、制造商、设计师以及动画师的采访，笔者发现虽然他们对技术有着独特的视角，但有一个共同点：他们大都认为当前的技术无法制造出满足他们期望的材料属性的物品，许多人甚至认为满足其需求的材料还没有诞生。

越来越多的艺术家和设计师对已取得的成果感到满意。在设计领域，有 Freedom of Creation 设计室在制造和销售尼龙与碳纤维打印的家具；有马里安·福勒斯特制造和销售用钛合金打印的手表；乔纳森·基普用自己设计的 3D 打印工具打印陶瓷；雕塑家汤姆·洛马克斯展览和售卖彩色的石膏雕塑。在过去的十年里，3D 打印技术取得了飞快的进展，在未来的十年里，3D 打印必将创造新的历史，取得新的发展。

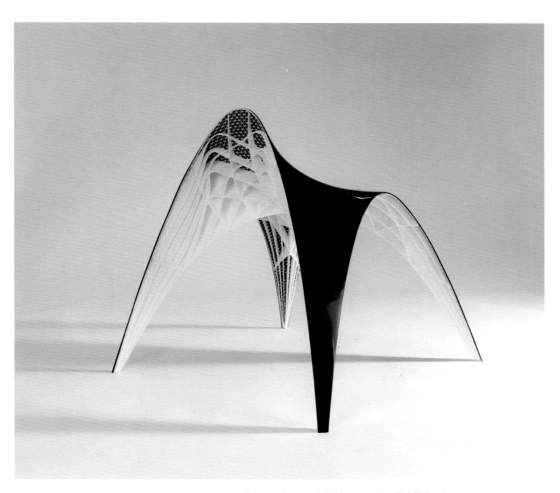

布拉姆·格南，"高迪椅"，2010 年，激光烧结尼龙。©Freedom of Creation
版权由 Freedom of Creation 设计室所有，图片由 Freedom of Creation 设计室提供。

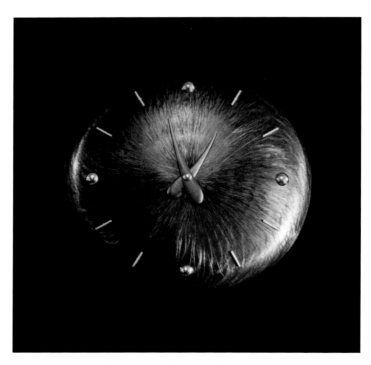

玛丽安·佛利斯特，"海草"墙片。© 玛丽安·佛利斯特

1 梅森（2008），《电脑美术室：英国电脑艺术的起源》，1950-1980, Hindrigham 诺福克 :JJG 出版社。

2 约瑟夫·比曼（2001），《固体自由成型制造：历史发展的角度》，固体自由成型制造会议录，2001，美国得克萨斯州奥斯汀市，得克萨斯大学。

3 Unfold 工作室（2012），地层陶器系列，从 www.unfold.be 上可找到。

4 乔纳森·基普（2012），"形状是关键"，新陶瓷未来发展研讨会，维多利亚和艾伯特博物馆，伦敦，2012 年 1 月。从以下网站可找到：http://www.uwe.ac.uk/sca/research/cfpr/research/3D/research_projects/towards_a_new_ceramic_future.html。

5 彼得·沃尔特斯（2012），"陶瓷 3D 打印—— 一个设计案例研究"，新陶瓷未来发展研讨会，维多利亚和艾伯特博物馆，伦敦，2012 年 1 月。从以下网站可找到：http://www.uwe.ac.uk/sca/research/cfpr/research/3D/research_projects/ towards_a_new_ceramic_future.html。

6 约瑟夫·比曼等（1997），《固体自由成型制造：一种新制造方向》，美国：克吕韦尔学术出版集团。

7 詹姆斯·瓦特（2012），雕塑复制机，科学博物馆网站。可以从以下网站找到：http://www.sciencemuseum.org.uk/visitmuseum/galleries/wattsworkshop.aspx 以及 http://www.sciencemuseum.org.uk/objects/watt/1924-792.aspx。

8 什鲁斯伯里·切维顿和波顿（2012），本杰明·切维顿（1794—1876）在汤姆馆藏：象牙塔中的艺术家。伦敦：保罗·霍伯顿出版社。

9 海琳·罗伯茨（1995），《相机镜头下的艺术史》，英国：劳特利奇出版社，第 63 页。

10 彼得·沃尔特斯和彼得·瑟克尔（2007）"3D 新技术在艺术和设计实践中的实现"，《人工制品》第 1 卷第 4 期，pp.232~245。

11 弗朗索瓦·威廉（1864），照相雕塑，专利说明书编号 .43822，美国专利局，申报日期 1864 年 8 月 9 日。

12 卡洛·贝斯（1904），利用摄影工艺复制塑料物品，专利说明书编号 .774549，美国专利局，申报日期 1904 年。

13 纽霍尔（1958），"照相雕塑：重建威廉的独创技术"。图片：乔治伊士曼中心的摄影和电影日志 (61)，pp.100~105。

14 索别沙克（1980），"各个侧面之和的雕塑：弗朗索瓦·威廉和法国 1859—1868 年间的照相雕塑"。《艺术通报》 (62)，pp.617~630。可从 http://www.jstor.org/stable/3050057 上找到。

15 哈蒙德（1989），"从美学角度来看照相制版印刷品"韦弗（1989），英国 19 世纪摄影：美术传统，剑桥：剑桥大学出版社。

16 福克斯·塔尔博特（1847），摄影照片的改进。专利说明书编号 .5171，美国专利局，申报日期 1847 年。

17 克劳福德（1979），光的守护者，纽约：Morgan & Morgan 出版社，pp.285~288。

18 约翰·汤姆森和阿道夫·史密斯 [海丁利]（1877），"伦敦街头生活"，伦敦：萨姆森·洛，马斯顿，塞尔 & 文顿。

19 沃尔特·福特（1936），用陶瓷制作彩色设计的方法。专利说明书编号 .214770，美国专利局，申报日期 1936 年 6 月 17 日。

20 沃尔特·福特（1941），陶瓷中使用摄影术。美国陶瓷学会公告板 第 20 卷第一期，1941 年 1 月。

21 托尼·约翰逊（2004），乔治卡特利奇的莫里斯陶瓷、瓷砖 & 艺术。怀特岛：创作空间，怀特岛。

22 保罗·博广男爵（1827），制造照相隐雕瓷器专利。法国，申报日期 1827 年。

23 乔治·麦克唐纳·里德（1963），即时雕塑。可从 http://www.britishpathe.com/video/instant-sculpture 上找到。

24 乔治·麦克唐纳·里德（1957），机器人雕塑。可从 http://www.britishpathe.com/video/robot-sculptor 上找到。

25 奥托·芒兹（1956），照相凹版记录。专利说明书编号 2775758，美国专利局，申报日期 1956 年 8 月 21 日。

26 艾伦·派普斯（2001），《平面设计制作》，伦敦：劳伦斯·金出版社。

27 布拉德肖、艾德里安·鲍耶、贺夫（2010），"低成本 3D 打印的知识产权启示"，《法律、技术和社会杂志》7:1（5）。

28 科佩尔、卢林和汉密尔顿（2002），理查德·汉密尔顿：《1939-2002 印刷品和美术品》。杜塞尔多夫：温特图尔美术馆。

29 理查德·汉密尔顿（2012），"圆周部分"，可在 http://www.fineart.ac.uk/works.php?imageid=cn_046 上找到。

30 查尔斯·苏黎（2012），可在 http://www.siggraph.org/artdesign/profile/csuri.html 上找到。

31 《德泽恩》（2009），可在 http://www.dezeen.com/2009/02/04/digital-explorers-discovery-at-metropolitanworks/ 上找到。

32 查尔斯·赫尔（2011），"创新 25 年之 1986 –2011"，《TCT》杂志，（2）pp.20。

33 艾里斯·范·荷本（2012），更多信息可访问 http://www.irisvanherpen.com。

34 布鲁斯·斯特林（2012），设计虚构：内里·奥克斯曼，虚构生命体：那些不存在的神话。可从 http://www.wired.com/beyond_the_beyond/2012/05/design-fiction-neri- oxman-imaginary-beings-mythologies-of-the-not-yet/ 上找到。

35 戴夫·布雷拉和约瑟夫·比曼、洛伊布和罗斯（2009），《增材制造简史及 2009 年增材制造发展蓝图：回首和展望》RapidTech 2009： 快速技术美国－土耳其其工作室。

36 Kodama（1981），"使用光硬化树脂自动制作三维塑料模型"《科学仪器》评述 [在线] 52 (11)，pp.1770~1773。

37 赫伯特·菲尔丁、H.L.、英格沃尔（1981），"全息图中使用光聚合物"。专利说明书编号 4588664，美国专利局，申报日期 1981 年。

38 德卡德（1991），"使用选择性烧结生产部件的设备和方法"。专利说明书编号 5017753，美国专利局，申报日期 1991 年。

39 豪斯霍尔德（1981），"成型工艺"。专利说明书编号 4247508，美国专利局，申报日期 1981 年。

40 查尔斯·赫尔（1984），立体平版印刷制作三维物体的装置。专利说明书编号 4575330，美国专利局，申报日期 1984 年 8 月 8 日。

41 藤幡正树，通过私人邮件联系，2012 年 7 月。

42 彼得·特雷扎基斯，通过私人邮件联系，2012 年 7 月。

43 丹·柯林斯，通过私人邮件联系，2012 年 7 月。

44 克里斯蒂安·拉维妮和玛丽·维萨，通过私人邮件联系，2012 年 7 月。

2

当前各种 3D 打印技术的
概述、成果及未来发展

　　本章论述了当前可用的各种 3D 打印技术，从技术概念的形成到打印的成品，从创建虚拟模型所需的软件和装置，到创作有形物品所需的增材制造技术（3D 打印）中的硬件设备类型，都一一进行介绍。

在过去十年里，3D 打印市场变得多样起来，越来越多的公司和机器设备走进了 3D 打印市场。因此，初级用户很难理解这一竞争技术和制造商之间的细微差异。此外，许多在 3D 打印影响下发现的其他技术以及 3D 打印的其他称谓也让这些新手们感到迷惑不已。要尽量让读者们弄清这些技术特点及差异，笔者在本章中假设读者对 3D 打印技术没有任何早期认识。

首先，需研究这一领域的术语。3D 打印工艺是从立体平版印刷技术开始的，后来被称为"快速成型技术"。快速成型技术流行起来是因为第一台商业可用机器使用了激光固化或交联感光聚酯材料快速制作汽车、航天、医疗工程和工业设计领域的原型（"快速"是一个相对的概念，相对于之前缓慢的模型制作技术）。直到最近，人们发现用"快速成型"这一术语描述 3D 打印技术是非常恰当的，因为 3D 打印机正是用来快速成型物体。但在最近，快速成型这一术语也变得与称谓不太相符，因为这套工艺开始用于制造终端用户应用程序的部件，而不是用于制作原型。此外，由于该工艺不只"快速"这一优点，还有其他优势，因此，需要一个新术语对其进行准确描述。主要备选称谓包括：固体自由成型制造、快速制造、增材制造（ALM）以及 3D 打印。

快速制造这一术语并不准确，正如我们前面提到的，这套工艺还不够快速。但是，与传统制造中的"机械加工装备"等相比要快许多。固体自由成型制造是一个比较精确的术语，但对于实际工艺的描述却不够准确。这一术语会被使用是因为从理论上讲，你可以制造出不受传统制造工艺限制、复杂而形态自由的物体（比如，你不再需要考虑物体是否能脱模、铣刀是否能切割物体）。比曼创造了"固体自由成型制造"一词，并在他的《固体自由成型制造》一书前言部分说道：固体自由成型制造一套能将物体直接从电脑模型制作成复杂自由形态物体的制造工艺，而且不需要具体的加工设备或专业知识。[1]

增材制造（ALM）这一名称非常普及，因其对实际流程的描述更为精确：整个制造工艺就是在一层材料上添加另外一层材料。最后，人们在"3D 打印"这一名称上取得共识，也是因为它恰当而准确地描述了该工艺。这一名称的另外一大优点是它让人想到其并行工艺 2D 打印，如已获得公众理解和认可的平版印刷术等。但目前美国的 3D 打印存在一个争议：人们认为增材制造指的是高成本的打印机，而 3D 打印指的是低成本的打印机及开源技术。但这种观点似乎并没有在世界其他地方得到认可。

从根本上讲，3D 打印技术将硬件和可用软件进行了分离。或者，用传统的打印类比来讲，这一技术将获取 / 创建与产出分离开来。如果继续拿传统打印做类比，那么 3D 获取相当于摄影，创建相当于绘图软件（如 AdobeI llustrator 绘图软件），最后的产出相当于数字打印品。3D 打印和传统打印之间的唯一区别在于多一个维度，即 Z 轴或物理高度。对物体进行 3D 扫描相当于对其进行摄影，将所有存在的问题进行后期获取。绘图工具也一样。起初，艺术家使用数字打印图像处理软件进行宽幅印刷或使用台式喷墨打印机作为默认软件选项。随着激光切割及织物印花等一系列设计技术纳入使用，艺术家开始扩展其软件工厂，向量式 CAD 程序也变得越发重要。笔者在本章中将简单介绍扫描的类型及当前可用的设计技术。但是，由于本书主要是关于人工制品的实体创作，笔者将详细介绍获取和 3D 模型创建。然而，要从概念到完全了解 3D 打印的整个流程，我们必须纵观 3D 打印所包含的所有内容。

3D 打印工艺链

要使用 3D 打印，必须有 3D 的思维。这话说起来可能很简单，却困扰了许多人。举个例子，如果从拐角来看桌子，只能看到三条腿，但必须意识到还有第四条腿是视线看不到的，否则桌子是没法直立起来的。毫无疑问，如果你想使用电脑着手制作物体、设

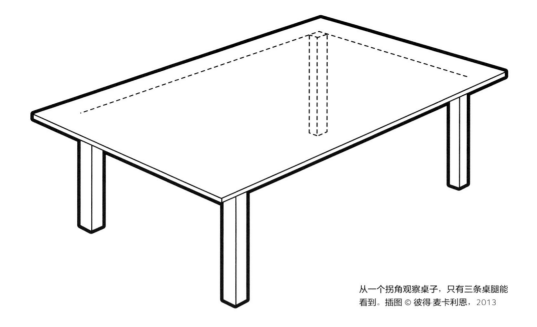

从一个拐角观察桌子，只有三条桌腿能
看到。插图 © 彼得·麦卡利恩，2013

计模型，就必须能构想和设计出你想创作物体的外形和结构。达到这些最简单的方法是想象你在一个透明的立方体中制作物体。立方体底部左前角代表0（0）。

从立方体的底部左前角到底部右前角有一个从0到100的数字标尺作为X轴。再想象从底部左前角到底部左后角有一个0到100的数字标尺作为Y轴。最后，想象从底部左前角到顶部左前角有一个0到100的数字标尺作为Z轴。这三根轴一直指着同一点（0）。立方体内物体的每一点都对应XYZ轴上的数值，其中，正中心点的参考值是X轴50、Y轴50、Z轴50。因此，可以在立方体内绘制任何物体，而且物体上的所有点都有固定的数学坐标便于将其数字化。一旦

我们掌握了记录坐标及将其数字化的方法，就可以开始创建模型或虚拟物体。

要创建模型或虚拟物体，除非是高级程序员，否则必须使用软件包。通常使用的是CAD绘图软件，该软件根据工业和商业功能的不同有不同的选项。基本软件还包括Illustrator、Corel Draw及Autocad等2D软件包。3D打印工业的基础是基于工程的3D固体建模软件如Pro/Engineer、SolidWorks以及Pro/Desktop等。大多数艺术家和视觉设计师使用的是3D曲面造型CAD软件，如Rhino软件和阿利亚斯工作室软件工具（Alias Studio Tools）。此外还有许多免费的"开源"软件，较常见的是谷歌草图大师和Blender软件。不幸的是，

3D 绘图软件包本身表示的是 3D 打印的进入壁垒，其学习曲线相对陡峭，而且要求用户能使用 3D 思维思考问题、能在头脑中推断出打印出的 3D 物体的形态和功能。最早可用的开源软件包括 Tinkercad、欧特克 123D（Autodesk 123D）及 3DTin，这些软件的优点在于都能使用 STL 格式输出文件。但是，这些开源软件并非总能转换成适合 3D 打印的 STL 格式。因此，如要产出实体部件，创建的文件在翻译成下一套软件时可能会发生错误。此外，Tinkercad 等软件是基于网络的，在任何平台上都可以使用，然而 3DTin 只能在浏览器上运行，Autodesk 123D 只能在 Windows 上运行。一些 3D 动画软件如玛雅、3DMax 等只能在虚拟建模时创建曲面，不能创建实体，因此必须翻译成其他软件包，以便能创建在 3D 打印时不会破碎的水密图片。

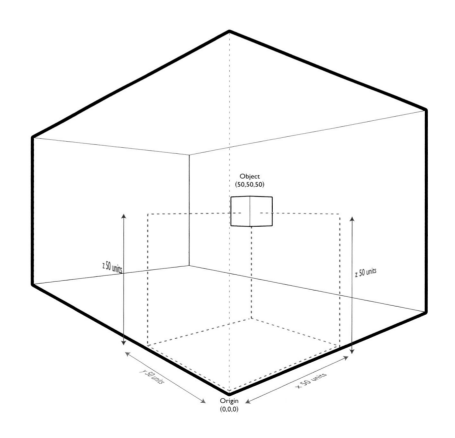

在构建 XYZ 3D 空间意识时，如何设置三维立方体中的坐标系。插图 © 彼得·麦卡利恩，2013

扫描（Scanning）

对设计进行建模的另一种方法是使用扫描仪或触感装置。3D 扫描仪能创建一个"点云"，绘制出被扫描物体的曲面，接着这些点云会被转换成三角形，即通过软件转换成三角形网格。

扫描仪通常只能扫描物体的一部分，然后将其他各个部分的扫描连接到之前的扫描中。最后，必须对整个扫描进行清理，确保模型中没有重叠的三角形，创建的三角形网格中也没有漏洞。如果存在重叠部分或漏洞，转录成的 3D 模型可能会破裂，或者是文件传输到打印机后不会被打印。

接着，需要把清理后的扫描文件转换成适合 3D 打印的文件格式。这一过程并不简单，因为通常情况下，你只有单一一层三角曲面图，没有壁厚或实体物质，因此，在打印之前必须创建一层墙壁或厚度。事实上，创建实心物体并不是一个好想法，其原因有很多，但主要是耗费材料。为什么呢？杰魔（Geomagic）等软件可以向空心添加壁厚来构建实心物体。其次，如果是实心物体，其重量及结构完整性不一定好。要克服这一点，必须把扫描文件输入到网格固定软件中，如 Magics 等软件可以填补网格中的空隙，同时还可以解决三角形交叉等问题。接着，将文件输入 Geomagic 或其他类似的网格编辑软件中添加壁厚。最后，将文件传输到打印机软件中翻译成打印片段。

1

2

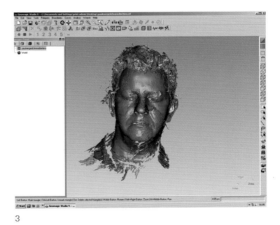

3

1. 杰魔（Geomagic）软件中使用 Z Corp 扫描仪中捕获的"点云"。©CFPR 档案馆

2. 杰魔（Geomagic）软件中转换成多边形网格的图像采集。©CFPR 档案馆

3. 使用 Z Corp 扫描仪扫描保罗·桑达米尔的头部，许多扫描图像连接到一起创建完整图像。©CFPR 档案馆

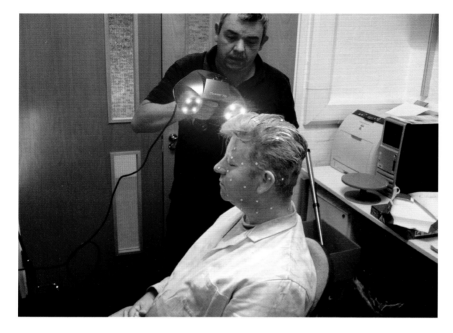

布兰登·里德使用 Z 扫描仪 750 扫描保罗·桑达米尔的头部。
摄影：彼得·沃尔特斯博士 ©CFPR 档案馆

扫描仪有许多种类。最简单的是接触式扫描仪，如三维数字化仪（Microscribe）是一种位于固定底座上的链接式装置。待扫描的物体被放置在底座上，装置末端的指针被拉下来与物体相接触。扫描仪与一个 XYZ 零参考系相连接，通过指示物体上的点，绘制出每个接触点的位置。扫描完物体的整个曲面后，接触点被连接起来构成了物体的曲面模型。该扫描工艺的优点在于其精确性，缺点是扫描速度慢，而且由于接触了物体表面，可能对被扫描物体造成损坏。比如，要对一件博物馆的人工制品进行扫描，由于其稀罕珍贵且易碎，可能不会被允许接触其表面。

相比之下，手提式激光扫描仪如 Z Corp 或 Handyscan 的工作原理是三角测量。激光点或激光线被投射到待扫描物体上，使用传感器 [通常是一个电荷耦合器件（CCD），一种用于采集数据的光感器件，常用于数码相机中] 通过测量"飞行时间"或激光线随着物体表面的变形程度，测量到物体表面的距离。该测量连接着一系列的参考点，使扫描仪能根据 XYZ 0 中的点状参考系转动方向。这些点允许进行多次扫描，以便将其连接起来捕获整个物体。由于该扫描从本质上讲是使用激光采集数据，因而不能很好地扫描有反光面或锐利边缘的物体。格欧姆光学测量技术有限公司（GOM，Gesellschaft für Optische Messtechnik）生产的结构光扫描仪将某种模式的光投射到物体上，观察该种光在物体表面的变形程度。这种光线可以是单束光、线状网格或三角网格线，投射到物体上后进行数据采集。结构光能精确而快速地采集物体表面的细节，因为扫描仪可以一次记录大量的数据。某些扫描仪甚至可以做到实时记录所有必要数据。

创建 3D 模型的另一种方法是通过触感装置。触感装置是一种力反馈装置，可以重现雕刻物体时的外观和触觉。通过与实体相互作用，使用工具添加和削减（或推拉）虚拟材料来重现这些感觉。从某种程度上讲，触感装置位于扫描和绘图程序之间，通过施加的压力来反映物体的表面情况，有点像在绘图或雕塑时使用三维鼠标将触觉传输到手臂上。

布兰登·里德扫描山羊头骨，Microscribe 扫描仪。

摄影：彼得·沃尔特斯博士 ©CFPR 档案馆

一旦 3D 模型创建起来，不论是通过建模还是扫描创建的，都必须转换成 3D 打印机驱动软件所能读取的格式。通常是将文件转换成多边网格文件（.STL），然后输入 3D 打印机驱动软件中切分成许多片段。本章中讨论的大多数软件程序都能将 3D 模型文件翻译成 STL 格式。3D 打印机中的标准软件会将 STL 文件切分成片段，进而生成能控制 3D 打印机硬件构建物体的必要代码。介绍了大量的与 3D 打印物体相关的技术和软件问题后，现在可以回过头来讨论 3D 打印的历史了。

极具影响力的《沃勒斯报告》[2](Wohlers Report) 量化了 3D 打印产业的规模和发展。《沃勒斯报告》是特里·沃勒斯每年在 3D "RAPID" 会议和商品交易会上就 3D 打印产业提交的报告。在最近的《沃勒斯报告 2012》中，沃勒斯提到在 2010 年，该产业增长了 24.1%，价值超过 17.14 亿美元（10.8 亿英镑）。2007 年，沃勒斯[3]提出了增材制造技术的历史发展，并定期进行了更新。笔者将概括出技术机器发展的重要事件，作为对比和第 1 章历史介绍的补充。[4]沃勒斯的报告更容易理解，因为他列出了每个新型商业发展和机器引入的具体时间，而不是简单地陈述提交专利的时间。笔者在下面总结了技术机器的发展并进行了选择，笔者认为选取的这些发展对理解现代机器如何大量产生有重要作用。

3D 打印机发展时间轴

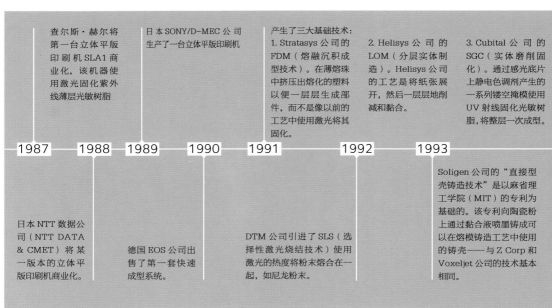

查尔斯·赫尔将第一台立体平版印刷机 SLA1 商业化，该机器使用激光固化紫外线薄层光敏树脂。

日本 SONY/D-MEC 公司生产了一台立体平版印刷机。

产生了三大基础技术：
1. Stratasys 公司的 FDM（熔融沉积成型技术）。在薄熔珠中挤压出熔化的塑料以便一层层生成部件，而不是像以前的工艺中使用激光将其固化。

2. Helisys 公司的 LOM（分层实体制造）。Helisys 公司的工艺是将纸张展开，然后一层层地削减和黏合。

3. Cubital 公司的 SGC（实体磨削固化）。通过感光底片上静电色调剂产生的一系列镂空掩模使用 UV 射线固化光敏树脂，将整层一次成型。

1987 1988 1989 1990 1991 1992 1993

日本 NTT 数据公司（NTT DATA & CMET）将某一版本的立体平版印刷机商业化。

德国 EOS 公司出售了第一套快速成型系统。

DTM 公司引进了 SLS（选择性激光烧结技术）使用激光的热度将粉末熔合在一起，如尼龙粉末。

Soligen 公司的"直接型壳铸造技术"是以麻省理工学院（MIT）的专利为基础的。该专利向陶瓷粉上通过黏合液喷墨铸成可以在熔模铸造工艺中使用的铸壳——与 Z Corp 和 Voxeljet 公司的技术基本相同。

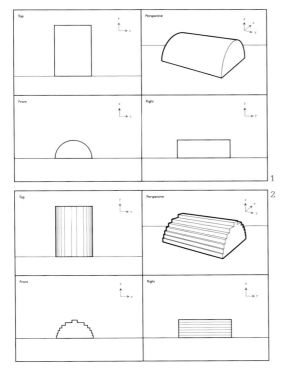

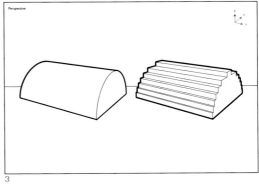

1、2、3 将图像切分成 3D 可打印文件。
© 彼得·麦卡利恩，2012

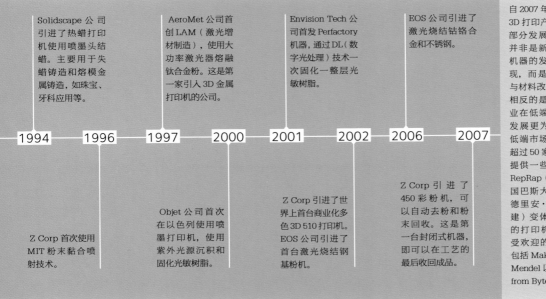

Solidscape 公司引进了热蜡打印机使用喷墨头结蜡。主要用于失蜡铸造和熔模金属铸造，如珠宝、牙科应用等。

AeroMet 公司首创 LAM（激光增材制造），使用大功率激光器熔融钛合金粉。这是第一家引入 3D 金属打印机的公司。

Envision Tech 公司首发 Perfactory 机器，通过 DL（数字光处理）技术一次固化一整层光敏树脂。

EOS 公司引进了激光烧结钴铬合金和不锈钢。

自 2007 年以后，3D 打印产业的大部分发展和专利并非是新工艺或机器的发明或发现，而是更多地与材料改进相关。相反的是，3D 产业在低端市场的发展更为迅猛。低端市场如今有超过 50 家供应商提供一些以基本 RepRap（由英国巴斯大学的艾德里安·鲍耶创建）变体为基础的打印机。比较受欢迎的供应商包括 MakerBot，Mendel 以及 Bits from Bytes。

1994　1996　1997　2000　2001　2002　2006　2007

Z Corp 首次使用 MIT 粉末黏合喷射技术。

Objet 公司首次在以色列使用喷墨打印机，使用紫外光源沉积和固化光敏树脂。

Z Corp 引进了世界上首台商业化多色 3D 510 打印机。EOS 公司引进了首台激光烧结钢基粉机。

Z Corp 引进了 450 彩粉机，可以自动去粉和粉末回收。这是第一台封闭式机器，即可以在工艺的最后收回成品。

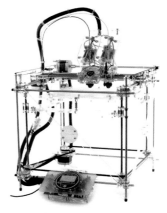

3D Systems 的 ProJet HD Plus SLA 机　　　　Stratasys 的 Fortus 400 模型　　　　3D Systems 公司 Bits from Bytes 的 Rapman

现代增材制造工艺

笔者试图介绍 2012 年市场上可用的各种 3D 打印技术和机器，但这个清单绝对不够详尽。笔者介绍的 3D 打印发展仅限于新工艺或制作 3D 打印物品的新方法。

立体平版印刷（SLA）

SLA 3D 打印机是由 3D Systems 公司制造。1984 年第一个专利[5]中提到了原始的工艺流程，其中包括在液缸中盛有液态光敏树脂乳剂，缸中有个升降台可以在液体中一层层地上升或下降。

当升降台位于光敏树脂乳剂之下时，工艺正式开始。通过紫外激光将待制作物体的第一层拉到乳剂表面，利用光敏树脂乳剂的交联进行硬化和固化，因为这些光敏树脂暴露在激光下时会变成固体。第一层建成以后，升降台下降，重复整个工艺进行第二层创建。工艺一直重复以便创建之后的每一层，直到

整个物体制作完成。这时，升降台会上升到起点位置，制作的成品也可以移出来并清理干净。立体平版印刷技术还需要支撑结构做辅助，其作用在于避免制作过程中某些部分掉落或变形。这些支撑结构的制作材料与印刷的物体相同，也属于印刷过程的一部分，制作完物体后再将该部分移除。

熔融沉积成型（FDM）

FDM 3D 打印机是由 Stratasys、Hewlett Packard、Makerbot、UP、Bits from Bytes、A1 technologies 以及其他公司共同制造。FDM 技术是最常用的 3D 打印工艺，其中一部分原因是原始专利已到期，还有一部分原因来自巴斯大学的艾德里安·鲍耶博士（RepRap 的发明者，RepRap 是一台可以进行自我复制的 3D 打印机，能够复制出自身的某些部件）。鲍耶博士计划将 RepRap 的制造作为一种开源软件供人使用，却因而产生了一群全新的、自己制作 3D 打印机的

MakerBot 公司的 MakerBot Replicator　　　　UP 公司的 Up 打印机　　　　3D Systems 的 3D touch 技术

制作商。从本质上讲，1992 年由 Stratasys 公司获得专利的 FDM 技术 [6] 非常简单。一个 XYZ 平台（所有 3D 打印的基础）、使用加热的喷头沉积一薄层熔化塑料、一次制作一层即可。做个简单的类比，其工艺类似于陶器的制作，只不过此处的材料是塑料。如果模型中有突出部分，要么使用第二层沉积头上的支撑材料，要么使用标准制作材料重新制作一个支撑部分，使用标准制作材料在制作成成品后可折断。FDM 3D 打印机会使用多种热塑性材料，包括 ABS（丙烯腈－丁二烯－苯乙烯共聚物）聚碳酸酯和 PPSU（聚苯砜）、PLA（聚乳酸）等。

使用这一技术的打印机是最便宜的，从 1 000 到 3 000 英镑不等，由 RapMan、MakerBot、中国的 UP 公司、A1 technologies、Cube 以及 Bits from Bytes 公司（后两家公司的机器现由全球最大的 3D 打印公司 3D Systems 所有）制造。这些打印机大多以艾德里安·鲍耶的 RepRap 开源硬件为基础，其优点是价格低，且有现成的用户群和在线服务；缺点是由于这些机器常作为自建工具使用，导致机器不稳定，很难按程序指令运行。运行这些机器的可用标准软件是一种叫 Skeinforge 的开源软件。Skeinforge 程序将 STL 文件从 Rhino 软件（或 Blender 等其他开源软件）翻译成 G code 或机器代码这些 3D 打印机能识别的指令。

但是，正如前面所提到的，软件的开源特性本身也可能成为进入壁垒。由于制作物品的过程中，从挤压加热熔融物的速度、喷头的温度到沿 XY 轴移动的速度、Z 轴的构建厚度等所有条件都可以改变，因而一旦出现问题，很难找出解决办法，甚至让机器运作起来都难。大多数价格高的打印机中专用软件的优点在于用简单的视觉界面锁住软件，用户根本无法接触，因而再多的问题都能得到解决，而不是让用户通过改变选项加以解决。这一特点使得开源机器成为强大的研究工具（用户可以改变所有选项），但如果用户只想生产部件，这一机器工作量大且效率低。

这些开源平台的低成本性提高了 3D 硬件技术的创新力。不到 750 英镑（1000 美元）就能购买到带有软件和步进电机驱动的 XYZ 平台，比如 Bits from Bytes Rapman 自组装工具包（750 英镑）。这意味着业余爱好者、研究人员和"高手"（或"技术爱好者"）这些用户已经对该技术进行了大量的改编。网上有许多开源案例，有的用户还将 FDM 喷头取下来，用压力注射器代替，使得从陶瓷到食物等更多材料能打印成膏状。一些比较成功的作品来自比利时 Unfold 工作室、埃克塞特大学及英国布里斯托尔西英格兰大学的 CFPR。

Stratasys 和惠普等价格更为昂贵的商业 FDM 3D 打印机有可能成为办公室打印机。尤其是惠普，其 Designjet 3D 打印机还额外附加清洗系统。制作和清洗部件时，需要用户直接操作的地方非常少——用户只需将部件从 3D 打印机的构建托盘移到支撑清洗处。这一机器也反映了惠普的经营理念——用最小的学习曲线创建方便用户使用的办公室硬件，而且与上述开源 FDM 3D 打印机不同的是，惠普的机器系统完全封锁，用户几乎不能对机器做任何改动，因而在将问题最小化的同时获得了成品。

Mcor 打印机，样品由 Matrix 300 3D 打印机打印，Mcor 技术有限公司制造，www.mcortechnologies.com。

1. CFPR 的彼得·沃尔特斯打印的白色香草糖糕。© 彼得·沃尔特斯

摄影：大卫·赫森，2013 年 2 月。

2. CFPR 的彼得·沃尔特斯打印的巧克力软糖。© 彼得·沃尔特斯

摄影：大卫·赫森，2013 年 2 月。

3

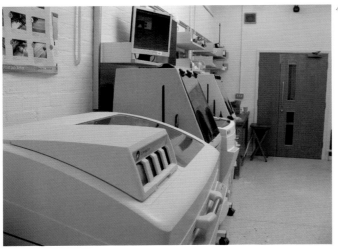

4

3. Matrix 300 3D 打印机打印的样品，
Mcor 技术有限公司制作。
www.mcortechnologies.com
4. 布里斯托尔 CFPR 实验室的 Z Corp
510 彩色打印机。

LOM（分层实体制造）

这是最早的 3D 打印技术之一，最早由美国 Helysis 公司开发，该公司还于 1991 年制造了第一台生产机器。[7] 这些早期的机器将一卷纸铺开、黏合，并将每一层用激光切割。现在的 MCOR 打印机正是该工艺的典型代表。MCOR 采用单层的标准 A4 办公用纸用于制作每一层，每一张纸都被黏合到下一层上，然后用小刀切割该层，依次下去慢慢构建模型，再将打印的模型从最后一沓纸上无破损地取下。

这一工艺有两大优点：第一，纸既是制作材料又是支撑材料；第二，尽管最初的机器花费较多，但制作部件时花费较少。MCOR 公司最近开始提供租赁服务，向高等教育及中小型企业市场提供技术实验所需的所有维修和材料。MCOR 公司最近还推出了印刷彩色工艺，使用 2D 打印工艺和 3D 的摄影图像首次打印一沓 A4 纸。3D 图像被切分成不同层，每一层都通过依次一个标准彩色激光打印机。然后将一沓纸送入 3D 打印机进行打印、黏合以及切割。最终的 3D 打印成品是一个全色激光印刷的纸质 3D 模型。考虑到基础材料成本低，这一打印成果还是非常乐观的，但是在出版时却无法保证彩打像素的成本。

粉末黏结 3D 打印

粉末黏结 3D 打印机由 Z Corp 和 Voxeljet 公司共同制造。这一工艺最早是 20 世纪 90 年代早期在麻省理工学院[8]发现，将石膏复合粉材料放到容器中，容器中有一个可以在制作物体时逐层下降的底座，一个位于制作底座旁盛满新粉末的平行进料仓。底座下降时，进料仓会上升提供新粉末。一旦底座下降，新的一层会从进料仓中上升，通过向制作底座喷射黏合剂逐层制作物体。在制作固体时，使用喷射黏合剂与石膏复合粉材料发生反应，当材料变硬时，便制作成一个固体块。打印完成后，底座上升，把成品从周围的粉末中移出即可。这一工艺的优点是不需要单独的支撑材料，因为物体由周围的粉末支撑，可以回收利用来制作新物品。

这一工艺的另一优点是可以进行彩打。将黑白喷墨头用四五种颜色喷墨头代替的多彩打印机，可以打印三基色或四分色的彩色黏合剂及透明黏合剂，因而制作出一个有三维彩色表面的物体。目前，某些工程界的人认为使用 Z Corp 打印机打印的物品不精确，缺乏局部强度，无法满足必要的生产公差。但这些缺点都是可预料的，因为这些打印机不是供工程界的人使用设计的，而是广泛运用于工业设计中的概念建模及作为陶瓷和制鞋行业中的原型设计工具使用。在陶瓷工业中使用打印机是因为 Z Corp 的机器是使用白色石膏来制作概念模型，与传统上陶瓷工业中使用概念模型制作石膏模具的材料是一致的。3D 打印概念模型的优点在于几小时之内就能制作完成石膏模型，但使用手工制作却要几周的时间，因此，Z Corp 的技术是一个必然选择。制鞋行业使用 Z Corp 的产品是因为其打印出的设计模型的颜色与鞋上最终使用的颜色接近。

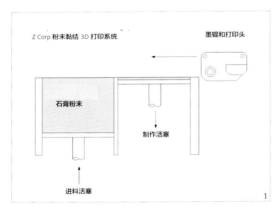

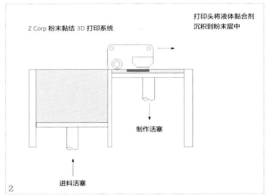

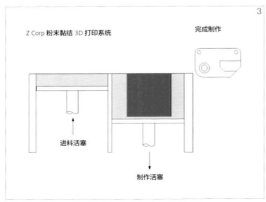

1、2、3 图解显示了粉末黏结打印机是如何沉积各层粉末和喷射物体的。

由登比陶器公司设计，CFPR 打印的陶瓷打印糖罐。©CFPR 档案馆

最近，动漫产业开始使用 Z Corp 技术。美国俄勒冈州波特兰的 LAIKA 数字（LAIKA Digital）使用 Z Corp Z650 打印机制作了新定格动画片《通灵男孩诺曼》中的所有面部轮廓部件。[9] 由于 Z Corp 的技术以石膏粉末系统为基础，因而被陶瓷工业纳入使用。许多群体也开始研究该技术制作陶瓷 3D 打印，包括该工艺最早的发明者麻省理工学院的 Yoo 和西玛，[10] 他们在最初的专利中就提到了利用该技术制作陶瓷打印品的可能性。

美国西雅图华盛顿州立大学的马克·甘特尔[11]利用陶瓷粉末和酒精制作出一个系统来生产供工程系学生使用的低成本材料。

美国犹他州博林格大学的陶艺家约翰·巴里斯特里[12] 在几年的研究之后也研制出一种陶瓷粉末系统。作家霍斯金斯和大卫·赫森[13]在布里斯托尔的西英格兰大学研制出一个系统并申请了专利，后来在与一家商业陶器公司登比陶器的合作中试用成功。

1

Voxeljet 是另一种粉末沉积系统。尽管 Voxeljet 是以原始麻省理工学院专利许可的喷墨系统为基础，但与 Z Corp 相反的是，Voxeljet 使用的是溶剂型黏合剂与聚合粉末或翻砂铸造材料相结合。此外，由于溶剂型黏合剂的使用以及打印床之大（4×2×1米），Voxeljet 主要用于铸造工业。

选择性激光烧结（SLS）粉末是由德国 EOS 公司制造，以得克萨斯大学取得的专利技术为基础，[14] 之后由 DTM 公司进一步研制，该公司于 1992 年制作出一台生产机器。弗劳恩霍夫研究所 (Fraunhofer Institute) 将这一德国研究结果授权给 EOS 公司。使用 CO_2 激光将一堆粉末状热塑材料进行熔融处理，一次处理一层，并利用油墨辊将新一层的粉末推到制作底座上来创建新层，同时支撑粉末底座上的制作物。最常见的 SLS 机器是由 EOS 公司制造，这些机器使用尼龙制作出功能最为强劲、满足行业所需的零部件。阿萨·阿叔奇等产品设计师还使用 EOS 技术大规模制造需要最小加工、可直接用于印刷和销售的定制生产产品。

2

3

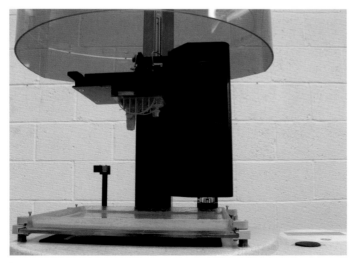

4

激光烧结钛、不锈钢、钴、铬以及黄金

直接金属激光烧结（DMLS）打印机是由 EOS 公司和 MTT 公司制造。这一工艺与选择性激光烧结技术相似，但使用的是微金粉末而不是尼龙。与 SLS 打印机一样，也是逐层构建模型。通过激光在各层移动来烧结粉末和固化。在上一层烧结后，对新一层粉末进行同样的处理。然而，与聚合物粉末 SLS 不同的是，金属 DMLS 必须有支撑结构确保模型结构稳健，并在制作过程中起到处理突出部分和支撑薄壁的作用。这一系统能烧结许多种金属，最常见的是钛或钢，而且银及黄金（最近发现）也都能用于该工艺。英国伯明翰城市大学珠宝产业创新中心的弗兰克·库珀最近说道，考虑到黄金的价格不断上涨，由于可以使用该技术制作金戒指，珠宝商开始打印一些有中空结构和一系列螺纹支撑壁的戒指。事实上，库珀可以制作出的戒指与其他所有戒指都相像，只是会轻70%，因为其使用的黄金量不到纯制金戒的三分之一，降低了大量的成本。

该工艺存在的一大问题是最常用的金属支撑结构必须通过手工移除，这一问题对于艺术家和创意用户都特别常见，因为这不仅意味着大量的后期处理工作，而且考虑到金属的硬度，移除和清理部件还需要耗费大量的时间。

数字光处理

数字光处理 3D 打印机由 Envision Tech 公司制造。该技术将每一层的剪影图像投射到光敏树脂材料上，可以最精确地生产表面光洁度良好的小部件，因为构建层的厚度非常小。该技术被广泛运用于助听器行业，因其可以使用肉色材料定制适合个人耳朵形状的配件。有趣的是，Envision Tech 公司这种使用肉色材料打印的能力被定格动画行业用来制作某些部件，比如被阿德曼动画公司用于制作 2012 年的电影《女海盗》。[15] 阿德曼动画在拍摄时不停地使用两台打印机来打印 50 多万个不同的部件。阿德曼动画还为 Nokia 制作了 Youtube 视频"点"，其主题是最小的 3D 打印定格动画。[16] 数字光处理技术的优点是一次曝光一整层，使得工艺速度快，保证了制作小尺寸部件的精确性。

1.Voxeljet VX4000，注意制作面积是 4×2×1 米，是所有 3D 生产机器中最大的。

2. EOS 公司的 EOSint P800 激光烧结尼龙打印机。

3. 雷尼绍公司的 MTT/Renishaw SLM 250 激光烧结钛打印机。

4. Envision TEC Perfactory 机器细节，公开展出打印部件。

UV 固化光敏树脂喷墨沉积

UV 固化光敏树脂喷墨沉积工艺由 Objet 公司制造。Objet 源自以色列喷墨公司 Scitex，Scitex 于 20 世纪 80 年代晚期至 20 世纪 90 年代早期制造了开创性的"艾里斯打印机"（Iris printer）。该打印机包含连续喷墨技术，彻底变革了艺术家喷墨市场，让爱普生或惠普的宽幅喷绘机成为可能。Objet 技术借鉴了 Scitex 的技术经验，制造出一种将喷墨技术和 UV 固化结合的精确工艺。将光敏聚合材料喷墨到底座上，然后用 UV 射线一次固化一层。通过 Objet 技术可以制出高表面光洁度的精确部件。直到最近，Objet 公司才开始提供硬质材料或软质弹性材料的选择。该公司最近还推出一种名为 Connex 的新材料技术，将硬质和软质材料相结合，使用户的 3D 打印物品具有不同程度的弹性和硬度。Objet 技术还使用未固化树脂打印出一个支撑结构，在打印过程中，该支撑结构环绕着物体，待打印结束后再将该结构冲洗掉，便可得到一件精细的成品。由于 Objet 技术可打印出精细层和没有视觉梯度的光滑面，因而被运用于第一部 3D 打印定格动画电影《鬼妈妈》的制作中。该电影在 2009 年由俄勒冈州波特兰市的 LAIKA 快速成型公司制作。[17]

最新发展

在过去两年里，3D 打印市场发生了许多合并现象，一些大公司收购了小规模公司或与小规模的竞争对手建立起了合作伙伴关系。比如，英国的雷尼绍（Renishaw）公司主要制造高端测量设备，收购了 MTT 公司。MTT 是一家制造激光烧结金属打印机的公司，其产品主要用于医疗、工程和牙科市场；Objet 公司则与 Stratasys 公司合并；而 3D Systems 公司在这方面最为积极，它收购了英国的 Bits from Bytes 和 Z Corp，成为目前为止 3D 打印市场上最大的公司，拥有大量不同的 3D 打印技术。

然而，在低成本开源技术市场上也出现了并行扩展，尤其是低成本打印机市场。最近的《沃勒斯报告 2012》[18] 中写道，2012 年"制汇节"（Maker Faire）上有 53 家公司分别出售以 RepRap 和 Makerbot 为基础的低成本开源硬件机器。2012 年 8 月，在 3Ders.org 网站上列出了 49 家公司出售 DIY 打印机。在 2006 年，新手可用的最便宜打印机是 15 000 英镑或 20 000 美元。而现今，1 000 英镑不到就可以买到一台类似的机器。使用一台如此低成本的机器生产物品可能需要大量的耐心、技巧和忍耐力，但却能让你了解到现今 3D 打印市场的变化速度。

服务平台

许多人预测未来 3D 打印将通过服务平台的持续扩张来发展。服务平台自早期的快速成型技术以来一直起着关键作用。然而，最近出现了 Shapeways 和 iMaterialise 等基于互联网的服务平台，使其有更广泛的客户群，并主导整个市场。客户可以通过互联网向中心服务处发送文件，该服务处的打印机可能位于世界各个地方，几天后便通过邮局收到完整的 3D 打印成品。打印的部件材料种类很多，从全色石膏、各种形式的塑料和尼龙到陶瓷、钛、钢和银皆可。

使用服务平台生产作品对艺术家和设计师而言越来越流行，而且他们这样做有充分的理由：没有基本建设成本、不需要养护机器，也没必要在新技术出现时实时更新技术。最近，考虑到规模经济和购买力，将部件送到服务平台进行生产所需的花费与机器所有者购买材料自行打印的花费几乎一致。事实上，如果考虑机器折旧及废料成本，使用质量高的服务平台绝对比自己用机器打印要便宜。但必须记住这些服务平台对所打印的物品有严格限制。例如，所需打印的物品壁厚太薄，或太过于精细，在制造的过程中或从机器上移出或清理时容易破裂，他们都不会予以打印。这些服务平台都要求快速打印部件，尽管也可以找到一些愿意花费大量时间和精力打印复杂物品的服务平台，但花费都比较大。

3D 打印行业论坛 Rapid Today 在其网站上列举了世界上 600 多个 3D 打印服务供应商。几乎所有供应商都是服务于工业和工程部门，其中一些还服务于设计师和建筑师。仅仅在英国，就列举了近 50 家 3D 打印服务平台，还有一些没有被列举出来。因此，笔者试着在此列出一些与艺术家有过合作经验的服务平台，或是在打破艺术实践界限上做出重大贡献，或是成为发现艺术实践的中心地带。[19] 当然，在 Rapid Today 的网站上还可以找到更为全面的服务商列表。以下只列举了来自英国的服务商。

Shapeways

Shapeways 是彼得·韦玛斯豪森于 2008 年在荷兰埃因霍温的飞利浦公司创立。2010 年，风险投资家"联合广场"（Union Square）[20] 和"指数创投"（Index Ventures）公司为 Shapeways 提供资金将其移址到美国纽约，并在那里成长为全球最大的 3D 打印服务商。最新的《福布斯》文章中提到，"Shapeways 成为世界上最大的 3D 打印物品市场，每天制造着成千上万的创意物品"。[21]

Shapeways 几乎成了制作小物品的港口。Shapeways 的网站前端比较容易进入，客户可通过网站软件自动评估 CAD 模型，并被告知该模型是否适合打印以及相应的打印价格。与打印服务相比，Shapeways（与其他服务平台一样）还运营着在线购物服务，客户可以在网上购买他人发布的设计。目前，Shapeways 网站上有 6 000 多名独立的设计师出售自己设计的产品，从开始到现在共打印了超过一百万件物品。Shapeways 的特点是其网站上有一些著名的 3D 打印设计师和艺术家，比如制作 Mathmatetica 艺术品的巴思西巴·格罗斯曼 (Bathsheba Grossman)，以及依据自然形状制作生殖作品的 Nervous System 等。

iMaterialise

iMaterialise 专门从事艺术家和设计师的作品打印，其网上服务运营与 Shapeways 非常相似，但 iMaterialise 还进行专业艺术品的打印。比如，其最近打印了艾里斯·范·荷本的 T 台合集"混合整体"。iMaterialise 还打印各种材料的物品，从塑料、陶瓷到金属都有。iMaterialise 隶属于比利时公司 Materialise（MGX），该公司是 3D 打印行业的巨头之一，主要研制 3D 打印软件，其服务对象是工程业、工业设计和医疗行业。[22]

3T RPD

3T RPD[23] 的主要服务对象是工程业，包括宇航、汽车和防卫部门等。但 3T RPD 也与设计师、建筑师和艺术家合作，其合作的设计师包括莱昂内尔·迪安、阿萨·阿叔奇以及亚历山大德拉·德尚·桑西诺，合作的艺术家包括希瑟和伊凡·莫里森。

3T RPD 打印艺术家作品的案例之一是"小小闪光人"（Little Shining man），[24] 该作品源于艺术家希瑟和伊凡·莫里森，由 3T RPD 与"女王和克劳福德设计工作室"（Queen and Crawford Design studio）合作打印。该结构的设计以亚历山大·格雷厄姆·贝尔的四面体风筝为基础，向外延伸到对立的立方体中，该立方体主要基于黄铁矿的立方结构。"女王和克劳福德设计工作室"

设计了尼龙的连接件来处理该作品的每个连接部分。与位于英国纽伯里的 3T RPD 合作之后，使用 SLS 技术制成了 6 000 个单独的尼龙连接件。

然后用碳纤维棒和立方纤维（一种主要用于赛艇航行的手工复合织物）来制作风筝。这种复合织物实现了力量和重量的完美结合，让人产生有深度而空灵的视觉冲击，轻触风筝时还能看到折光。

圣海利尔的夸伊城堡（Castle Quay）正厅中悬挂着这一雕塑的最终成品。前面展示的风筝只是其中的三分之一，将三部分连接在一起才最终构成成品。这个风筝每年都会被取下来，在泽西岛圣奥宾海湾的米尔布鲁克海滩上放飞。最终的结构由 23 000 多个单独元件构成。

附属于学术机构的
服务平台

都市作品
（Metropolitan Works）

Metropolitan Works[25] 是伦敦领先的创意产业中心之一。该服务平台与设计师和制造商合作，提出创意并通过数字制造、工作坊、知识转移、提供意见、举办课程和展览等将新产品投入市场。

位于 Metropolitan Works 的中心是数字制造中心，收藏着大量的原型技术、制造技术以及与研究和实验相关的技术。该中心还有各种 3D 打印设备、CADCAM 及激光切割设备。

巴特利特的数字制造中心（DMC）

巴特利特建筑学院的 DMC[26] 运营着一家以建筑师、艺术家和设计师为主要对象的服务平台。DMC 与 CADCAM 和巴特利特工作室合作，主要推广数字制造技术，包括 3D 打印／增材制造 3D 扫描以及自由形态触感建模等。

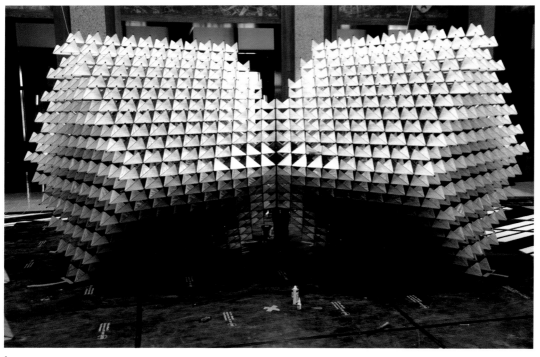

1

2

上一页及上面的 1、2：希瑟和伊凡·莫里森，"小小闪光人"，2011 年 11 月。这是希瑟和伊凡·莫里森的新作品，受丹达拉委托、与制造设计工作室"女王和克劳福德"及建筑设计师萨希·雷丁合作制作。摄影 © 伊凡·莫里森和马特·波蒂厄斯
www.mattporteousblog.com

精细打印研究中心 (CFPR)

CFPR 是一家位于英国布里斯托市西英格兰大学设备齐全的大学研究中心，致力于研究和打印人工制品。[27] CFPR 自 2005 年起便将 3D 打印作为研究工具。在过去几年里，CFPR 为艺术家、设计师和创意产业设立了专业局并提供咨询服务，包括艺术家理查德·汉密尔顿和汤姆·洛马克斯、设计师彼得·廷以及阿德曼动画等。

CFPR 工作室还提供激光切割和宽幅打印以及先进的 3D 打印技术。作为 3D 陶瓷打印和彩打行业的专家，CFPR 还与 Renishaw 公司以及庄信万丰（Johnson Matthey）贵金属有限公司之间有合作。

结论

虽然笔者在引言中提到很难预测 3D 打印技术在未来几年的发展趋势，但笔者推测未来 3D 打印会被切分成许多不同的市场。高端打印机会被运用于工程和航空等尖端产业，以及制造一些价值较高的设备和珠宝。中端打印机则会被运用于服务平台。考虑到高质量打印机价格昂贵，笔者确信服务平台会继续为那些想要通过规模经济将成本控制在最低的机构或个人提供服务。至于低端打印机，笔者认为会以两种形态存在。非常廉价的打印机可能会进入玩具市场，相对而言质量略高的打印机由于存在可回收材料，会服务于极客、教育和中低端市场。如果某一市场需要较高质量的部件，会先在低廉的打印机上进行初次实验，确保部件可以运作且防水，然后送到服务平台用特定材料打印高质量部件。目前一些材料已经可获得，如钛、钢、银及金（现今可用）等金属，尼龙和光敏树脂等塑料还模仿了 ABS 和橡胶的性能。

考虑到卫生和健康因素，铝合金等材料可能永远不会用于 3D 打印。材料的强度、耐久性及表面光洁度等都需要进行改进，且更广泛的材料将被纳入使用，如用于 3D 打印电子产品等功能性应用的导电性和导热性材料。沉积技术将进行质量改进，中档打印机的成本将持续下降，而复合材料打印机的成本也将进入中低成本的行列。

1 约瑟夫·比曼等（1997），《固体自由成型制造：一种新制造方向》，美国：克吕韦尔学术出版集团。

2 特里·沃勒斯（2012），《沃勒斯报告 2012》，可在 http://wohlersassociates.com/2012report.htm 上找到。

3 特里·沃勒斯（2007），《沃勒斯报告 2007》行业现状，每年全球进度报告，沃勒斯合伙公司。可在 http://www.wohlersassociates.com/2001-Executive-Summary.pdf 上找到。

4 约瑟夫·比曼等（1997），《固体自由成型制造：一种新制造方向》，美国：克吕韦尔学术出版集团。

5 查尔斯·赫尔（1984），立体平版印刷制作三维物体的装置。专利说明书编号 4575330，美国专利局，申报日期 1984 年 8 月 8 日。

6 斯科特·克伦普（1992），创建 3D 物体的设备和方法。专利说明书编号 5121329，美国专利局，申报日期 1992 年。

7 迈克尔·费金（1988），使用叠片结构制作完整物体的设备和方法。专利说明书编号 4752352，美国专利局，申报日期 1988 年。

8 伊曼纽尔·萨克斯、约翰·哈格蒂、迈克尔·西马、保罗·威廉姆斯（1993），三维打印技术，专利说明书编号 5204055，美国专利局，申报日期 1993 年。

9 凯特琳·罗珀（2012），"8 000 张脸的男孩"《连线》杂志 2012 年 9 月，pp. 104~109。

10 Yoo、迈克尔·西玛、Khanuja（1992），3D 打印结构陶瓷作品，第三届国际快速成型会议。

11 Marchelli、马克·甘特尔、斯托尔蒂（2009），3D 陶瓷打印新材料系统，（会议记录）固体自由成型制造研讨会，罗彻斯特理工学院。

12 约翰·巴里斯特里、S·迪翁（2008），快速原型制作陶瓷艺术，2008 年国际图形图像协会会谈。

13 D·霍斯金斯和赫森 S.（2010），3D 打印制作陶器的方法。专利说明书编号 1009512.3，英国专利局，申报日期 2010 年。

14 卡尔·德卡德（1989），"使用选择性烧结生产部件的设备和方法"，专利说明书编号 4863538，美国专利局，申报日期 1989 年。

15 伍德科克（2012），"怎样制作盗版！"TCT Live 20, 5. pp. 20~21。

16 大卫·埃瓦尔特（2010），"阿德曼＆诺基亚制作'点'，世界上最小的影片"，www.forbes.com，2010 年 10 月 18 日。

17 蕾妮·邓禄普（2009），"为木偶一次制作一千张脸"，2009 年 2 月 12 日，CG 协会：生产中心。http://www.cgsociety.org/index.php/CGSFeatures/CGSFeatureSpecial/coraline

18 特里·沃勒斯（2012），《沃勒斯报告 2012》亚特兰大快速成型会议，可在 http://wohlersassociates.com/2012report.htm 上找到。

19 http://www.Rapidtoday.com

20 苏珊·拉巴尔（2012）"Shapeways 从联合广场风险投资公司获得五百万美元，以期成为 3D 打印中的金考"。可在 http:// www.fastcodesign.com 上找到。

21 乔希·沃尔夫·埃瓦尔特（2012），"3D 打印 Shapeways 公司及个人用品的未来发展"，www.forbes.com，2012 年 6 月 19 日。

22 http://i.materialise.com

23 http://www.3t RPD.co.uk (3t RPD 2012)

24 http://www.morison.info/index.html

25 http://www.metropolitanworks.org/

26 http://bartlett.ucl.ac.uk/--architecture/about-us/facilities/digital-manufacturing-centre

27 http:// http://www.uwe.ac.uk/sca/ research/cfpr/

3

手工艺品和手工艺者

本章主要介绍手工艺者及其对 3D 打印的利用情况。笔者将通过思考、观察和案例研究来探索 3D 打印技术是如何改变技艺观念的。

尽管没有任何确凿的证据和全面的数据作为支撑，但笔者依然认为 3D 打印将从根本上影响"制作"行业，即传统意义上的"手工艺"。笔者为何这么认为呢？因为视觉艺术领域的 3D 打印技术直到最近才引起公众的高度注意。当然，也有极少数例子，如迈克尔·伊甸的作品。相比而言，在过去一年里，有太多数字化的手工艺展和画展中采用了 3D 打印技术，如"手工艺协会"巡回展览之"手工艺实验室：现代手工艺数字历险"[1]以及 2011 年维多利亚和艾伯特博物馆的"制作崛起"展览。[2]如何将虚拟屏幕上呈现的人工制品在物质世界中利用数字技术创作出制品来，成为这些展览开始解决的问题。

通常在展览手工艺品或人工制品时，作品中所蕴含的知识和工艺技能是作品至关重要的一部分。但就目前而言，大多数 3D 打印的工艺品并没有这些内在属性或隐性知识。笔者并不确定艺术家或策展人是否能敏感地保留传统加工材料的触觉属性。为确认这一点，笔者要知道这一问题是与生俱来的，因为制造或展览手工艺品的方法通常是所有传统手工制作的核心。3D 打印是一个全新的工艺领域，使用 3D 打印成功打印艺术品需要大量的技巧。但就目前而言，材料属性否认了工艺技能，将制作者和物体之间进行物理隔离，数字化处理还将这种隔离变得越来越大。笔者的意思是将虚拟物体呈现在屏幕上是手工艺者和物体之间的第一次隔离，将虚拟物体传送给打印机，即将手工艺者和物体制造隔离开来，使两者进行了第二次隔离。

3D 打印的这些特定属性给我们引出了以下问题：第一，存在"数字"工艺吗？第二，考虑到使用 3D 打印技术无法像使用工具那样充分利用手和眼的完美结合，手工艺者该如何调解与材料的默契呢？

与材料的默契对于制作高质量的手工艺品至关重要，而这种默契只能通过从实践中吸取知识来获得。那些我们认为技术精湛的手工艺品，从 14 世纪意大利德鲁塔的锡釉马略尔卡陶器，到当代家具生产商弗雷德·拜尔[3]（Fred Baier）的桌子，无一不是靠制作者与材料之间的默契。笔者希望在本章中通过一系列的例子证明很多手工艺者事实上已经解决了上述问题，即使没有完全解决，也至少找到了解决问题的方法。

但是，回到最基本的问题或分歧点：如何调解手工艺者与材料的默契？这一点对于所有要制作高质量工艺品的工艺流程（不论是模拟还是数字化）都非常重要。但 3D 打印工艺不仅除去了手与眼的协调，还将其自动化。此外，3D 打印从新的角度设定了材料，这种角度与工艺本身（过去被用来制作物体）没有任何联系。此处，笔者要提出一个观点：我确信视觉审美的存在，手工艺者需要学习工艺技巧以便创作出形式和内容相统一、具有艺术价值的作品。这一观点可能会遭到批评，也曾被某些群体认为比较老派。笔者还认同理查德·塞尼特在其专著《手工艺者》中的观点，认为手工艺技术需要通过熟悉理解和重复实践来习得。

所有技艺都建立在精湛的技能之上。用一个常用的标准来看，要想成为高级木匠或高级音乐家必须有约一万小时的实践。大量研究表明，随着制作技能的上升，出现的问题也会相应发生变化，就像实验室技术员会担心语言程序的问题，而处于初级水平的人更多只是关心如何让物体运作起来。[4]

——理查德·塞尼特

迈克尔·伊甸，"韦奇伍德陶器盖碗"银试验。© 迈克尔·伊甸，由艾德里安·萨松提供。

THE WHEELWRIGHT'S SHOP, FACING EAST STREET, ABOUT 1916

斯图特的车匠店，法纳姆，萨里，1916 年。© 斯图特，1923

为什么笔者认为手工艺领域会处理与材料的默契问题？手工艺者又会如何使用 3D 打印等新技术呢？此处笔者要确定一下"使用"的意思。笔者在前面已提到笔者并不认为某一工艺的早期使用情况直接代表了该领域。从最好的角度来看，早期使用者倾向于制作那些能一眼看出其使用技术的作品，他们使用该技术只是为了技术本身，而不是将技术作为一种工具来传达观念。最具创意的作品往往是在技术变得更为普及时出现，在制作图像、物品或人工制品的过程中使用技术仅仅是为了完成作品而不是将技术作为工艺的标志。

为了说明这一点，笔者常将 3D 打印与 20 世纪 90 年代的喷墨打印相比较。喷墨打印经历了相似的新技术接受过程。起初，只有少部分人能接触到喷墨打印技术。但随着不断的改进和发展，这一技术逐渐变得熟悉、普遍，最后为人接受。喷墨打印是现今公认的版画复制和摄影的标准之一。艺术家和手工艺者在日常实践中使用喷墨技术制作作品的现象非常普遍，因而真正做到了对喷墨技术的"熟悉"。

3D 打印的接受过程与之类似。手工艺者必须明白，接受新技术并不是对手工技能的否定，恰恰相反的是，要接纳新技术就必须对材料的内在属性有一定的了解。3D 打印在手工艺行业的兴起与维多利亚时代引进手工艺机械化的过程是类似的。乔治·斯图特的著作《车匠店》[5]正好总结了这一点。《车匠店》记录的是 1884 年至 1891 年期间的技术，那时的农场车还是纯手工制作，不久之后，人们才普遍将机器纳入工艺技术之中。书中谈到要制作出高质量的手工艺品就必须对材料有一定的了解。斯图特的员工对于所有影响生长、收割和风干本地木材的因素都有着全面的隐性知识。

然而，我们现在所处的环境不同了：现今有经验的工匠所需的知识与以往有很大的不同，而且在未来所需的知识还会发生巨大的变化。因此，与斯图特那个时代一样，知识和技术基础几百年都未发生任何变化，在几年内却发生了巨大变化，由于创新性技术的引进，我们也可能在几年内会经历类似的巨变。

斯图特提到了将其家族企业进行机械化转型：

■ 最后——大约是在 1889 年——我开始置办机器：锯片、车床、钻孔机、磨刀石、燃气机。这一设备如果能挽回局面，将是（后来证明不是）旧式商业模式的终结，尽管它在当时只是帮助汽车贸易度过了转型期。[6]

有趣的是，斯图特说的所有机器包含了

斯图特车匠店的手工车侧视图。© 斯图特，1923

现代手工业者工具包的全部内容。事实上，现今许多制造家具的木匠除了精通电动假手式机器工具外，还会使用数控雕刻机。关键要知道使用新技术需要的是一套新技能，不需要丢掉以前技术中的技能和隐含的材料知识。而且至关重要的一点是，这些技术也是一套新工具，需要时间来熟悉。手工艺者应该做的不是强加某种实践方法。通常的情况是，随着人们对新技术的使用，不论是什么领域的技术，总能一眼看出一件作品是否是通过简单的约束条件创建的。这种强加约束条件而创作的作品不会有任何内在材料或审美价值能超越工艺本身。人们一眼就能看出作品的内容，能基本了解创作该作品所需的技术水平，不需要怀疑其完整性或不完美之处。如阿纳·雅格布森弯曲胶合板蝴蝶椅展现了内在材料属性，而低成本的宜家威尔玛椅则只是为了零售价格而制造。

斯图特给我们提出了另一个问题。他描述与材料的默契是具有远见而且不同寻常的，因为他在自己的领域有真正的洞察力和实践知识，而且还有着与众不同的能力将实践者的观点和理解写出来并解释清楚。但是，斯图特描写的是从手工艺时代到机械化到来的转型（但此时的历史上机器依然是"手工"的），而我们此处论述的是从"手工"到"放手"或"远程机械化"的转型。因此，在他公开责问我们转型时的工艺从何而来时，继续使用他的

例子作为类比来论述与材料的默契真的可行吗？笔者认为斯图特观点的基本原则仍然成立，而且还提供了更具远见的观点：在转型期，从旧技术的角度将新旧技术做比较时，由于新技术的本身属性，比较结果可能是否定的。随着技术变得越发成熟，人们对于技术的理解更为理性，越来越多的人开始接受它，一直到进入数字喷墨技术阶段，即新技术变得极为平常，已融入日常实践中。

从哲学层面来讲，笔者能够理解此时手工艺者在 3D 打印发展中存在的问题。从 3D 打印工艺本身的属性来看，能供用户使用的材料种类非常有限，而且根本不具备精湛工艺品中使用的标准材料的属性特点。那么，为什么要使用无法满足该工艺内在属性的技术呢？

答案当然是 3D 打印创作物体的方法与众不同，这也正好回答了最基本的分歧点问题。尽管材料质量在很大程度上无法满足需求，但这一技术能带来的成果非常诱人。这难道也成了创作不可能物体时所说的宣传把戏？可能实践者开始时都处于噱头阶段，与喷墨打印一样，当时喷墨打印还是一种新颖而诱人的技术，也有大量的图片处理宣传把戏，但现今已不存在了。事实上，所有艺术学科都有一个共同点：多数使用者都希望技术能迅速发展。只有这样才能具备"按需印刷"的能力，保证外形上的美观以及材料有着艺

术家和手工艺者所需的内在属性。这意味着能制作出外形美观的物体，而不仅仅是应急地创作一个 3D 打印品。

这样一来，我们将最终使用目前不可能的方式创作出一些作品，而且这些作品能满足技艺精湛的手工艺者所需的内在材料属性。

由于手工艺现处于转型期，毫无疑问手工艺者一直都在使用 3D 打印技术，而且不同领域之间的界限是模糊的。（这里笔者要进行反省，尽管笔者认为各个领域之间没有界限，但在本书中仍通过章节标题来划分不同的领域。）

但是，在人们对手工艺者有着更为宽泛的定义之时，毫无疑问也在使用着 3D 打印技术。笔者会在第 5 章中通过 Nervous System 等设计团队或独立设计师巴思西巴·格罗斯曼（多年来一直制作金属和塑料珠宝）的例子进一步说明这一点。但当制作的物体超越了工艺本身时，真正的考验就到来了。事实上，上述例子很好地说明了 3D 打印技术的早期使用情况。这些实践者使用数学算法生成自然形态，然后再使用 3D 打印技术打印出来。这充分利用了 3D 打印速成的特点，而且能满足设计师对物体的构想。但这一打印技术的缺点在与所创作的物体完全附属于该工艺，因而人们能一眼发觉该物体时 3D 打印的。

在案例研究中，笔者采访了三名来自不同手工艺背景的人，他们各自解决了材料限制的问题，都有着不同而特定的使用 3D 打印的方法。乔纳森·基普和迈克尔·伊甸都有从事陶工实践的背景，而玛丽安·佛利斯特主要从事钟表制造工作。当然，笔者也希望采访一些用不同方式使用 3D 打印技术的人。乔纳森热爱亲身实践、自己动手，他创作自己的机器，事实上是有着陶坯背景的他为了制作壶而自己编写软件。迈克尔·伊甸的主要目标用他自己的话来说就是：用三维物体的形式传达某种想法或讲述某个故事。为了能用一种抒情的方式表达出来，我必须选择合适的工具。不论是电脑、制陶工人的转轮、3D 打印机抑或是干燥炉，对我而言都是工具，都需要较高的工艺技能才能制作出精美的物品。

玛丽安·佛利斯特使用技术的方法更像是一名设计师而非手工艺者。她将 3D 打印作为能帮助她达到所需效果的工具，但直到她能用金属打印时才开始使用 3D 打印技术。

Nervous System，"菌丝护腕"，由杰西卡·罗森克兰茨摄影。©Nervous System

乔纳森·基普

乔纳森·基普出生于南非的约翰内斯堡，曾就读于纳塔尔大学及皇家艺术学院。乔纳森是一位著名的陶艺家，著有一本影响重大、关于当代陶器的书籍《打破模型》。他在世界各地都举办过展览，也常在久负盛名的爱尔兰手工艺协会"收藏品展览会"上展览。

乔纳森将自己的工艺实践称为"艺术手工艺"，尽管他有艺术背景。他解释道："在20世纪70年代，南非的艺术文化理念与欧洲是有区别的。在欧洲会被划分到手工艺行列，但在南非，陶艺家才是主流艺术行为。"因此，他很高兴称自己为陶艺家。

乔纳森的工艺实践包括雕塑作品、一些功能性陶瓷器皿以及3D打印作品。对于3D打印，乔纳森的观点是："就我而言，3D打印仅仅是另一种形式的工具，能帮助手工艺者使用黏土制作作品。有时候我会制作出物品的形状，将黏土切割掉，有时候会使用卷绕砌成，有时候会使用3D打印。"

乔纳森·基普，"冰山"，2012年。© 乔纳森·基普

1

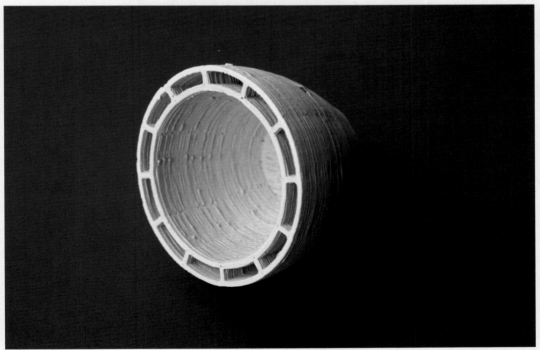

2

2011 年，乔纳森在参观了荷兰设计公司 Unfold 的作品后，开始使用 3D 打印技术。Unfold 公司将压力驱动注射器添加到 Bits from Bytes 的 RapMan 打印机中以便打印黏土。然而，他第一次使用计算机辅助设计程序是在 2002 年，在丹麦居住了一段时间后。2003 年，他来到丹麦的一家数字作品和陶瓷工作室。2007 年，他开始对 3D 软件所能创作的形状类型感兴趣，于是他转到另一家关于陶瓷和数字形式的工作室，在这里他发现可以使用 Z Corp 的打印机打印黏土。然而，他发现 Z Corp 的机器价格昂贵，而许多 DIY 家用打印工具只需 1 000 英镑不到。于是，乔纳森从 Bits from Bytes 购买了一台 RapMan 自制打印机，使用转换打印头连接加压注射器，该注射器通过喷嘴挤压陶瓷泥浆铸造黏土。

目前，乔纳森三分之一的作品都使用了 3D 打印技术，主要集中于雕塑作品，但他也使用该技术制作日用器皿。乔纳森说他使用 3D 打印将电脑生成的形状变成物体：

—— 我对形状、三维形状的自然演化以及人们对形状的反应有极大的兴趣。用于制造自然形态的模式和系统可以通过电脑编码来研究，因为我需要将编码转化成物体，所以才使用了 3D 打印。用传统工艺是不可能做到的。但是，我使用的打印技术与传统的卷绕制造陶器非常类似——几乎可以被认为是机械卷绕工艺。3D 打印提供的是一种与电脑结合的新型制作工具，对我而言，更是创作形态必不可少的一部分。

在笔者采访乔纳森的过程中，与其讨论了引入 3D 打印的实际工艺。乔纳森做出的评论与传统观念不一致，他并不认为材料质量对于手工艺者非常重要：

—— 制作方法对我而言比材料质量更为重要。由于我对形态结构感兴趣，而电脑编码正好可以让我对其进行了解。我自学了基本的 Java 编程，因此，制作出的物体形态与 Rhino 软件中获得的常见形态并不一致。比如，我会使用代码库来构建圆柱形物体，然后通过随机数学运算对其进行变形。最后得到一个便于电脑捕获的网状结构，将其传输到打印机制造出实际物体形态。这些是使用其他方法（手工）都不可能做到的，或者即使做出来也不会有效果。

1. 乔纳森·基普，"随机生长"，2012 年，一排 3D 打印陶罐。© 乔纳森·基普
2. Unfold，"罐"，2009 年。
2009 年，Unfold 公司在陶瓷打印机上打印的第一个器皿。© Unfold

个物品，积累到一定的规模后将它们集中在一起，因为它们完全匹配，只需将它们与另一半放在一起即可。我更关心的是工艺本身，而不是每次都想着如何重新设计机器，因为我认为如何使用机器才是最重要的。因此，我一看到 Bits from Bytes Rapman 中有注射器，我就知道那是我想要的机器。

乔纳森可以制作出两等分的物体，然后将它们黏合在一起作为陶坯。这一点很容易，使用传统工艺即可。笔者认为这种使用隐性知识解决问题非常明智，充分利用了黏土的内在属性。他阐述工艺流程如下："打印（有点像用坯轮车造出形状）只是整个工艺的一小部分。要获得成品，还要进行许多传统制作工艺，比如上釉和烧制，等等。"

对于陶器而言确实如此，但对其他工艺和领域可能就并非如此了。很明显的是，笔者在此谈及的所有手工艺者在制作作品的过程中都会介入其流程中。乔纳森的工艺实践可能与其对于材料质量的评论并不一致。作为手工艺实践者，他以手工艺技巧及对材料隐形知识的了解而闻名，但从 3D 打印的角度来看，很难在他的作品中找到美感。

这可能一方面因为 3D 打印对于乔纳森以及手工艺领域而言依然属于比较新的工艺，另一方面也因为乔纳森仍在形成自己的实践准则。

3

1、2、3 乔纳森·基普，2012 年。
1."布里顿"；2."杯"；3."盐罐"。© 乔纳森·基普

玛丽安·佛利斯特

玛丽安·佛利斯特曾就读于米都塞克斯大学和皇家艺术学院，主要制作钟表，从微型手表到城市里大型建筑上安装的时钟都能制作。虽然笔者进行的大部分采访都是通过远程网络电话，但对玛丽安的采访却是面对面的。玛丽安还带来许多作品，这些作品可能更能体现我们讨论的实践特性。她向笔者说明了作品的灵感所在：

——— 我对刻度、外观、形态和功能比较着迷。我探索时间的本质及其转瞬性和永恒性。我设法重新定义传统意义上的手表及其佩戴方式，我想扩大其可能性，不仅限于佩戴或悬挂在身体或衣服上的不同部位。

玛丽安称自己为"Maker"或"设计Maker"，这一称呼从实际意义上讲也恰好符合其实践内容。玛丽安明确提出了许多跨领域实践者的共同问题：

——— 我总是注意观察与我交谈的人，并把我和他们归为一类，不然，他们会对我毫无兴趣。因此，我总说自己是一名银匠或钟表匠。面对手工艺或设计群体也会有同样的问题，因为我不仅会制作珠宝、钟表，还会制作建筑作品。因此，从根本上讲，我不属于其中任何一类。

大约在 2007 年，玛丽安开始使用 3D 打印技术。那时，人们开始使用直接金属激光烧结技术，玛丽安也开始学习 Rhino 软件。在 2007 年之前她就接触过 3D 打印技术，但明确表示该技术对她没有诱惑力，除非能找到合适的材料。她通过实际制作物体来学习技术，并通过教程来指导操作。（这里我们谈论的是 Rhino 玩具鸭教程，几乎所有学习制作的人都会使用该教程，因为教的都是制作和切割物体的基本知识。）

2

1

1. "小型手表"，玛丽安·佛利斯特，2012 年。
© 玛丽安·佛利斯特
2. "小型钛制怀表"，玛丽安·佛利斯特，2012 年。
© 玛丽安·佛利斯特

玛丽安·佛利斯特，"旧石器"。© 玛丽安·佛利斯特

在采访中，笔者还问到她使用 3D 打印制作作品的比例。事实上，玛丽安的 3D 打印作品较多，但不同的设计却不多。她解释道，这是因为她总忙于其他事物。这是一个谦虚的回答。在后来的讨论中，她说道，她可以一次制作 70 个微型手表"Sho"的表壳。很难说她的作品是否都是 3D 打印，但表芯很明显不可能是打印的（因为尽管目前可以使用金属进行 3D 打印，但能否打印出精细的手表平衡摆轮还是未知，详见下文）。由此可见，她的作品只有一部分会采用 3D 打印技术。

然而，至于 3D 打印的作品质量，玛丽安在描述其迄今为止最为复杂的作品——独一无二的腕表"旧石器"时，给出了清晰的答复。她向笔者介绍了制作过程：

━━━━ "旧石器"事实上由六个部分制作而成，然后焊合在一起。由于是完全不同的工艺（手工制作作品），特别是需要支撑结构和后期清理，这一作品耗费了 6 个月的时间做清理工作！然而，有趣的是，纯手工不可能制作出该作品的。每一部分都使用精梳机制作，然后叠放在一起进行切割。如果我想纯手工制作出来，是绝对不可能的，因为需要好几年的时间。因此，半年真的很快了！

从梳状结构可以看出，很难将工具深入狭小的空间进行切割。同样的，也很难进行铸件，因为要制作的模具过于复杂。考虑到"旧石器"所需的时间和工作量，玛丽安制作了一系列的"Sho"，制作该对象参数时不需要进行清理工作。她为了确保自己明确规定了角度，以免悬伸结构超过 30 度，而制作了一个可以自撑的物体，中间只有一个小型的内接头将作品与底部的制作结构相连。"当我从打印机上拿回作品时，没有做任何清理工作，只是快速抛光就行了。"

她为"Sho"制作了许多不同的版本，有一个指环表就是使用同一 3D 打印文件制成。在讨论这一更为简单的作品集时，笔者问她是自己制作的表芯还是买的。玛丽安回答道，不是自己制作的，而是从大表芯修改而来的。

━━━━ 大表芯是买来的。最小的表当然要用最小的表芯控制。但对于手表而言，最小的表芯是需要使用 Rhino 软件制作的，因为无法手工制作出如此精小的表芯，所以要充分利用 Rhino 软件将表芯进行削减——小表芯也获得了热卖哦！

玛丽安详细解释了 3D 打印为何对制作出适合的表芯如此重要：

■ 我要确定每一个壁厚最后可能的参数——这只能通过 3D 原型制作达成，不能通过铸件。因为铸件时可能会收缩、移动或丢失某一部分，很容易导致表芯不适合。因此，我很喜欢 3D 原型制作的表芯，尽管精小却强度高且耐磨。

与制作这些微型手表截然不同的是，玛丽安在伦敦城市大学的赞助下，有意进行了一些大型项目。"整个'转变'系列的研究项目都是由我来完成，不论是立即要做还是自发制作的部件，都要讲求制作的速度和规模。"

玛丽安还制作了一些更为宏伟的部件，甚至比"转变"系列还要宏大。因此，她在讲述自己不同领域的工艺实践时都显得井井有条。她根据规模将作品进行了单独分组："我后来进入了建筑领域，制作的物品总有特定的地点要求，并且需要服务于当地的社区。但我很喜欢制作这一领域的作品，因为每次的制作需求都很不同。"

在 3D 打印和数字技术方面，玛丽安使用的方法非常不同。她会使用 Rhino 软件来制作模型或大型物品，因为她觉得更容易将其可视化。玛丽安觉得使用 Rhino 软件能提供给客户更多不同的作品。当我问玛丽安使用 3D 打印技术遇到的问题时，她的回答很有趣：

■ 我在工作时总是喜欢切割东西，那时一直苦苦挣扎着，在制作了几个早期的作品后，我开始使用电脑进行切割和锉削。我从箱子开始切割，几乎所有的物品都使用布尔差分法，但我想对它们进行手动削减制造。这一悖论对我而言非常有趣，尽管多数人并不认为这是手与屏幕的悖论（比如，很多人都不会这样使用技术）。

在笔者看来，这种制作方式很有趣，因为 3D 打印从本质上讲是一个添加过程，使用者可以利用软件采用类似增材的方式来制作物体。在增材工艺中有意削减作品就显得与众不同了。笔者在想，这是不是拥有多年手工艺实践的人与生俱来的问题？他们在学习数字技术后，发现这一技术与自己长期使用的工艺截然不同。

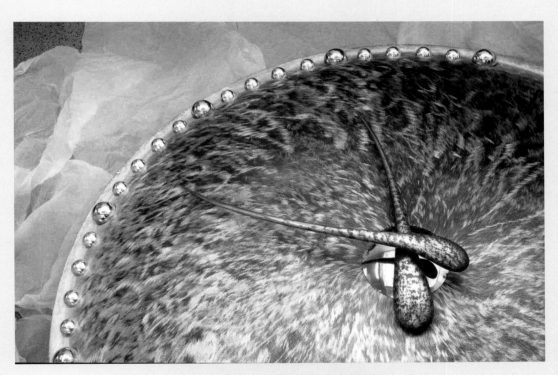

玛丽安·佛利斯特，"海德公园门"挂钟，2012 年。© 玛丽安·佛利斯特

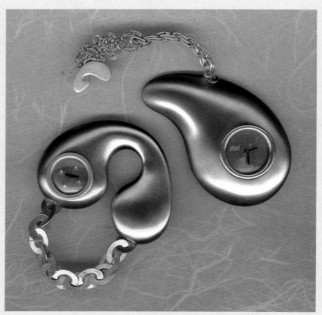

玛丽安回想道：

■ 这块手表不错，却有很多问题。我用树脂重新做了一个，但没有浇铸。我在想，怎么才能使用真正的金属将其制作成"真正的作品"？因为金属才是我想要的材料——尽管在这一工艺中我几乎使用过所有材料，但真正想用的是金属，因此，我又制作了一个，然后使用电铸成型。我以为将电铸成型和树脂结合可以将物体结合在一起，但还是破碎了。尽管如此，这是一次有趣的尝试！

这一案例让笔者和玛丽安开始讨论 3D 打印工艺中使用电铸对物体结构完整性的影响。玛丽安说道，为特意做出粗糙表面，她给笔者展示的手表模型进行了非常迅速的电镀处理。笔者推测这会使其比缓慢电镀的物体更易碎。但玛丽安的关注点在于物体的表面和质地，这些可以使物体更美观，看起来不像数字制作。她会把结构问题放在次要地位，只在物体破碎时才会觉得重要。事实上，玛丽安使用电镀来制作手链，因为她觉得手链不像手表那样容易熔解。

在被问及她如何看待3D打印在艺术家、设计师和手工艺者方面的发展时，她讲述了自己作为钟表匠的工作，并对手表微型"Sho"进行评论：

■ 我用来制作手表的部件大约有 70个——因此，制作手表实际上有一个制造系统。我的意思是我只有 70 个部件，但如果是 70 个手表就好了。在工作室我还制作了一堆部件，却没时间完成。因此，在我制作完一个手表后，觉得非常有趣，才回去开始制作。人们将这种制作流程称为原型制作工艺。我不喜欢这样的叫法，就像英国人不喜欢别人说他们能解决财务问题一样。

玛丽安可能与本章中提及的另外两个案例稍有不同，她是等到材料属性满足手工艺者的需求时才开始使用 3D 打印技术。这意味着为了获得想要的结果，她特意考虑了金属的材料属性。然而，玛丽安也必须考虑使用不同的制作实践，制定策略去利用 3D 打印钛等特定的材料属性。

1. 玛丽安·佛利斯特，"利物浦柔板"。© 玛丽安·佛利斯特
2. 玛丽安·佛利斯特，"大手表"，2012 年。© 玛丽安·佛利斯特
3. 玛丽安·佛利斯特，"微生物2"，2012 年。© 玛丽安·佛利斯特

迈克尔·伊甸

迈克尔·伊甸以成功陶艺家的身份在工作室工作 20 年后，于 2006 年开始在皇家艺术学院学习数字技术和 3D 打印，攻读哲学硕士学位。他主要研究如何培养在数字设计和制造领域的兴趣，以及如何将这些兴趣与他现有的手工艺技巧相结合。他的作品受到历史文物和现代题材的启发，同时探索了手工艺和数字工具之间的联系。他还研究了试制技术和材料。这种新的制作方式让迈克尔·伊甸将实践内容扩展到了玻璃制品和家具等其他领域。2007 年，迈克尔在攻读哲学硕士学位期间制作了第一件名为"韦奇伍德陶器盖碗"的 3D 打印物品。

在文章《机器制作的物品》[9]中，迈克尔概述了自己的创新工艺和方法：

▅▅ 重新设计第一次工业革命的标志性物体时，我采用的制作方式是用传统工业陶瓷技术无法完成的。这一作品是在早期韦奇伍德陶器盖碗的基础上改编而来，选择该陶器是因其古典美以及对第一次工业革命之父约西亚·韦奇伍德的敬意。精美镂空的表面是受骨骼的启发，参考了韦奇伍德所使用的自然物体及其受物体设计启发的当代作品。我的作品还参考了

AM 技术有限公司生产的人造骨骼。这一技术打破了"为制造而设计"的限制，其中材料加工也会影响最终的结果。换句话说，只有某些特定的形状才可以放在机轮上；而且重力、离心力和黏土的材料质量可能限制物体制作的可能性。作品"韦奇伍德陶器盖碗"则打破这些限制，制作出以前不可能的形式，创造性地传达了新想法。

该作品是在 Rhino 3D 软件和自由形态软件上制作，然后将该文件传输给 Z Corp 的 3D 打印机将该物品打印出来，再在物体外面覆上非烧结瓷器材料以模拟陶器表面。这一材料由德国公司 Axiatec 设计，经迈克尔改编后与韦奇伍德的"黑色玄武岩"非常相似。[10]

1. 迈克尔·伊甸，"纽带 11"。© 迈克尔·伊甸
2. 迈克尔·伊甸，"韦奇伍德陶器盖碗，粉色"。© 迈克尔·伊甸

1

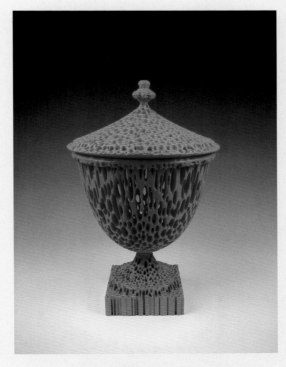

2

与本书中采访的其他艺术家和设计师不同的是，迈克尔承认他几乎没有使用过 3D 打印机——特别是 Z Corp 的打印机。因此，迈克尔的许多作品都是通过与他人合作完成的。在与马克·甘特尔[11]合作（在西雅图市华盛顿大学的索德纳实验室）的过程中制作了许多 3D 打印陶瓷品。马克把打印后的素烧作品发给迈克尔，由迈克尔在自己的工作室上釉和烧制完成。"在我和马克·甘特尔合作时，我先把他送来的打印品涂上釉浆，然后烧制、上釉，这样的合作极为顺畅！"

被问及如何界定自己及其实践经历时，迈克尔认为自己处于设计、艺术和手工艺的灰色地带，这对他而言非常有趣，部分原因是语言包袱。迈克尔希望跨越传统的边界，可以从他选择的任何领域找出合适的制作方法和模式，以此开启一些关于语言和不同领域的对话或对话的起点。这让我们开始谈论笔者所说的"数字手工艺"——但缺乏对材料的隐形知识或没有对工艺的基本了解，是不可能使用 3D 技术制作出好作品的。目前的问题是 3D 技术让人们越来越远离手工制作这种创作隐形知识的工艺。迈克尔同意这一观点，并列举了著名设计评论者杰夫·霍林顿[12]和手工艺者弗雷德·拜尔[13]的例子。他说道：

▬▬▬ 确实如此。杰夫·霍林顿的意思就是，如果是第一次工业革命的的话，

那现在应处于 1800 年。因此，现在还处于早期的阶段，我们没有直观的界面、反应设备或触觉设备可供使用。家具制造商弗雷德·拜尔对 Maker 使用电脑很谨慎。弗雷德·拜尔的评论是好几年前的，如今，事情都发生了变化。他认为："除非艺术家可以扩大或滥用软件超过预期参数，否则他们必须接受自己的角色从作者或设计者降级为执行者。"

与拜尔完全不同的是，迈克尔认为 3D 打印带来的最直接好处是提供了一种传统手工艺制造无法给予的创造自由：

▬▬▬ 我认为原因在于弗雷德·拜尔的评论涉及了媒体吸引力，即被高技术的创新工具所吸引。为了传达自己的想法或解决问题，就必须选择恰当的工具、材料和工艺。必须真正了解自己想要达到的效果，然后再选择合适的工具和方法。如果我现在想制作咖啡杯和茶托，我会立刻回到坯轮上制作出它们的形状。

迈克尔·伊甸，"韦奇伍德陶器盖碗，蓝色和绿色"。© 迈克尔·伊甸

迈克尔·伊甸，"丰饶之角"。© 迈克尔·伊甸

迈克尔用一个例子详述了自己的观点：考虑到目前 3D 打印技术的发展以及手工艺者的手工技巧，如果需要为顾客制作一套杯具和茶托，使用传统方法反而更容易、更快速。这时使用 3D 打印技术没有任何优势："我希望人们在欣赏我的作品时更在意作品的故事，在意制作的过程和原因。话虽如此，但如果去欣赏手工制作的艺术陶瓷，你的角色将会是材料和工艺的使用者、观察者和购买者。你是不可能忽略工艺流程的。"

要量化迈克尔在 3D 打印和传统手工艺技巧上的地位，就需要弄清他的作品有多少是 3D 打印的。对此，迈克尔回答道：

▬▬▬ 事实上，我已经很久没制作传统的陶瓷作品了。今天早上我还在教制坯课程。但正如我所说的，制坯是制坯，3D 打印是 3D 打印，这两者没有任何关联。现在，我会把自己的作品送到一家名为 3T RPD 的商业公司进行打印，之前是在巴特利特的数字制造中心。以前，我跟一家名为 "Sculpteo" 的服务平台交涉过，他们网站上有一个有趣的应用程序。我觉得这个程序背后的技术非常棒，几乎展示了所有类似技术的潜力。我很喜欢这一点，虽然这一技术不能解决所有问题，却有奇特的捣弄数据的能力。

在使用软件方面，迈克尔大多使用测试版苹果 Mac 的 Rhino 3D 软件。但他在 Mac 上安装了双系统，这样便于他访问 Rhino 的 Windows 版本和 T-Splines 插件，在建模时也更为直观。尽管跟其他软件一样，还有许多需要学习。

迈克尔需要使用 Rhino 等专用软件，因为他的大多数作品是通过 3T RPD 等 3D 服务平台打印的，发送的文件必须便于读取。"有时候还需要对某些部分进行运算。Rhino 软件的主要问题在于布尔平方根函数，因此，有时候我必须将一个物体分成两三个部分，并使用一个文件发送，服务平台接收后会使用 Magics 软件对其进行修复以保证其防水。"

迈克尔描述了广泛采用 3D 打印技术的困难之处：

▬▬▬ 成本高、学习软件需要时间，属于工艺技能，因此需要反复试验。局限还在于各种材料的可得性。如果我告诉学生因为费用问题或需要学习软件而不得不将课程推后，这两点就是主要因素。

迈克尔相信这些困难都会得到解决，因为软件会变得更为直观。他还认为学习 3D 设计的学生应该关注建模系统。他进一步解释了这一点：

迈克尔·伊甸，"巴比伦容器"，2012 年。© 迈克尔·伊甸

—— 看着学生们经历从 2D 到 3D 的转型期是非常有趣的，他们似乎懂得了如何将 2D 思维转换成三维物体。

迈克尔认为工艺技巧对 3D 打印是不可或缺的，他惊奇地发现 3D 打印工艺是无缝的，但你必须坚决：

—— 我认为 3D 打印有自己的工艺敏感性，这一点在传统工艺技巧和这些年我所建立的隐性知识之间是重叠的，但我必须对这些技巧进行改进，并把隐性知识添加进去。我觉得自己经历了一个转型和进化的过程。在我下定决心学自己感兴趣的事物时，我总是能顽强地解决问题，特别是使用 Rhino 软件时——"必须有这项功能"——我会勇于解决遇到的许多问题。有时候我会使用一些非传统的方式来制作物品，但我不确定自己采用的方式是否正确。

在考虑 3D 打印的未来时，迈克尔预测这一领域会变得更容易接近，可用的材料也会越发广泛。这一技术也会随着时间的推移越来越普遍而本土化。3D 打印技术将影响分配系统，并从功能和审美上对我们周围的物体产生巨大的影响。迈克尔用 EADS 航空公司的例子解释了他的预测。EADS 公司生产了空中巴士用的门铰链，该铰链的重量减少了 10kg，可以每年为巴士节省 1 000 美元的燃油。[14] 此外，他认为 3D 打印将以一种无形的方式改变生活的诸多领域：

—— 大众化设计——便于普通个体的设计——并不意味着必须使用 Photoshop 进行。即使你电脑上有 Photoshop 软件，你也不一定是平面设计师；你必须学习成为一名设计师，因此，我不认为大众化设计可以帮助你成为一名设计师。看看 Shapeways 上的物品吧，大部分作品都很糟糕！但也还好，不论怎样我对此都没有意见。毕竟，人们开始参与总是好的，而且也扔掉了那些糟糕的作品。

迈克尔对 3D 打印的未来持乐观态度，并以此总结了此次讨论。之后，他用一种启发式的观点描述了 3D 打印的长远未来：

—— 如果 3D 打印机进入家家户户，如果你可以用许多材料或复杂的制作系统自行打印一些小型家用物品，并将打印机电路融入制作的物体之中，你就不必进行后期的添加处理了——

所有这些都会成为现实。但有些领域令人担忧，如 3D 打印机打印生活或生物材料的潜能，听说已能够打印新肝脏和肾脏等。随着信息以编码的形式数字化，A、G、T 和 C 的细胞结构可能因此改写。因此，如果基因有数字版，就可能会造成一些我们不愿意看到的重大伦理和道德问题。

迈克尔·伊甸比乔纳森·基普和玛丽安·佛利斯特更早进入 3D 打印领域，但与他们不同的是，迈克尔必须应对一些不属于个人实践范围的材料。很明显，迈克尔的早期作品将手工艺和 3D 打印完美结合在一起。"韦奇伍德陶器盖碗"就是仿制品方面最好的例子，这样的作品容易出现在工艺转型期间。陶瓷器皿并不是陶瓷的，而是使用一种类似于釉面陶瓷人工制品的材料制作而成。迈克尔制作的容器实际上与传统制造的 18 世纪茶壶很像，但事实上是 3D 打印的石膏模芯，浸入陶瓷树脂中制作而成。笔者认为这一作品利用了现今 3D 打印中出现的问题，将这些问题提出来作为讨论，其中的茶壶也不再是一种功能性的陶瓷物品，而是作为装饰性物品使用。

毫无疑问，玛丽安·佛利斯特和乔纳森·基普在处理材料属性及其带来的问题时，比笔者在书中采访的其他实践者更为谨慎。玛丽安故意等技术发展到能产生自己想要的效果时才开始使用，乔纳森则将该技术作为一种延展性工具，初期以受控数字的方式使用，然后手工介入制作过程，使用小块黏土做支撑以及一个吹风机，所有这些都没有像 3D 打印机制造商预期的那样使用技术。

迈克尔·伊甸，"摩涅莫辛涅"，2012 年。© 迈克尔·伊甸

迈克尔·伊甸，"摩涅莫辛涅"俯视图，2012 年。© 迈克尔·伊甸

迈克尔·伊甸，"绿色钢坯"，2012 年。© 迈克尔·伊甸

1 "手工艺实验室：现代手工艺数字历险""手工艺协会"巡回展览，2012 年。

2 http://www.vam.ac.uk/content/articles/p/powerofmaking/

3 弗雷德·拜尔联合公司，www.fredbaier.com，2012 年。The Making 网站"本月 Maker"，2007 年 1 月的采访。http://www.themaking.org.uk/index.html

4 理查德·塞尼特（2008），《手工艺者》，伦敦：艾伦·莱恩出版社 p. 20。

5 乔治·斯图特（1923），《车匠店》，剑桥：剑桥大学出版社。

6 乔治·斯图特（1923），《车匠店》，剑桥：剑桥大学出版社，p. 26。

7 Blender 开源 3D 软件，荷兰阿姆斯特丹 Stichting Blender 基金会。http://www.blender.org/

8 Skeinforge 是一个由 Python 脚本组成的工具链，可以将 3D 模型转换成适合 Rapman 的 G-Code。http://fabmetheus.crsndoo.com/wiki/index.php/SkeinforgeBits from Bytes,2012

9 迈克尔·伊甸（2010），《手工艺研究》，"机器制作的物品"第 3 卷第 1 期，2012 年 5 月。

10 Axiatec，英国 http://www.axiatec.com 克利夫兰 / 巴黎 / 圣埃蒂安 . 2012。

11 马克·甘特尔（2009），"3D 打印自制陶瓷混合达到最低价"《每日科学》，2009 年 4 月 10 日。

http://www.sciencedaily.com/

12 杰夫·霍林顿（2007），"为 F**K You Generation 而设计"汽车内饰。

13 Sculpteo，www.sculpteo.com/en

14 安妮·思里夫特 <http://fanyi.baidu.com/>，（2012），"3D 打印发展迅猛"，《设计资讯》，2012 年 10 月 15 日。http://www.designnews.com

4

美术

　　从某种意义上讲，如果考虑固有属性，美术可能是最难描述的领域之一。这一领域的实践者试图有意创作出不同于同龄人的新想法和新图像。因此，这一领域内所有的一致性都源于工艺本身的限制，而不是艺术家有意为之。

很可能从 3D 打印发展初期开始，美术家便将其纳入商业工艺使用。笔者说商业工艺的意思是不包括那些仅供研究部分使用的工艺。在第 1 章中已提到，雕塑家几乎在第一台商业机器进入市场时，就开始创作 3D 打印作品了。笔者能找到的第一个有文件记录的例子是 1989 年藤幡正树的作品，[1] 在第一台商业机器——来自 3D Systems 查尔斯·赫尔的 SLA1——出现后的三年内完成。[2]

然而，早期采用的工艺和为主流所接受时的工艺总有一定的差别。这种差异始于发展周期内，这时引进了新的打印或制作工艺，艺术家也开始接受这种创新工艺。一项技术获得信任并创造著作的标志是艺术家开始使用该技术达到自己想要的效果，而不是展示该工艺本身所能达到的效果。

笔者在前面已经提到，早期采用者倾向于制造能看出使用特定技术的人工制品。只有该技术能创作出艺术家想要的图片时，才会出现最具创意的作品。能说明这一点的最早期作品之一是 "People 1：10"，由德国艺术家卡琳·桑德尔于 1997 年至 2001 年期间制作。桑德尔在自己的网站上对该创新工艺做了说明。[3]

使用人体扫描仪对人体进行激光扫描。扫描仪采用的是最初为时尚产业开发的 3D 摄影法。将数据传输到挤压机，用塑料一片一片创建物体形状。该工艺非常冗长，却能精确再现被扫描物体——被扫描人摆好姿势的三维自画像。这一肖像完全通过机械手法制成，被放在展览的中心，仿佛直接从真实世界中变换过来的。

对模型进行激光扫描，然后采用丙烯腈－丁二烯－苯乙烯共聚物（ABS）塑料熔融积淀成型（FDM）打印——打印完成后，用喷枪对模型进行美化处理，使之完工并与扫描件相匹配。

桑德尔只对最终结果及达成结果所需的方法感兴趣，这恰好证明了笔者的观点。这些模型绝不是工艺本身的体现。它们在打印之后还进行了喷涂和表面加工处理，因此，除非有人告知，否则没人知道这些模型是如何制造的。

如果去欣赏其他艺术家的作品，人们可能更难知晓其制作过程。比如，雷切尔·怀特瑞德于 2004 年制造的"二手物品"。怀特瑞德对一套玩具家具进行了扫描，然后使用激光烧结白色尼龙进行同比例产出。怀特瑞德有段时间一直制作一些展现雕塑形态的单色物品，但很难摆脱一个现实：这些物品都像是激光烧结 3D 打印的尼龙（表面白色，略带螺纹纹理）。人们不禁深思：怀特瑞德只是为了利用该工艺达到想要的效果吗？还是这种想法被 3D 打印制作物品的内在属性推翻了？

这里提出了艺术家在使用 3D 打印工艺时遇到的一个问题。事实上，许多艺术家不会直接使用该工艺，他们会依靠其他专家的技能来制作某个作品。此处并不是批评这些艺术家，只是想提出那些使用书中技术的艺术家所遇到的困难。相反，那些与他人合作使用技术的人——特别是那些一次性交易——通常是他们将技术本身推向了新高度。在本书的本章及其他部分，笔者将对其中一些艺术家进行重点介绍。

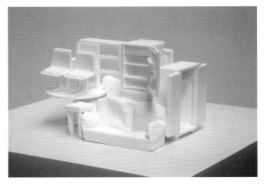

1、2 "二手物品"，雷切尔·怀特瑞德，2004 年，光造型激光烧结白色尼龙。
11 × 16 × 10 cm，由伯克郡纽伯里的3TRPD生产。
© 雷切尔·怀特瑞德，Counter Editions。

1

2

精细打印研究中心（CFPR）在过去七年里为大量艺术家提供了 3D 打印服务。从笔者的角度来看，CFPR 打印作品的最佳案例是理查德·汉密尔顿的"耻辱勋章"。[4] 2006 年，理查德受英国艺术奖章信托基金委托，为大英博物馆的"耻辱勋章"展览制作一个耻辱勋章。理查德找到 CFPR，他希望将托尼·布莱尔的照片以浮雕的形式印在硬币的一面，另一面印阿拉斯泰尔·坎贝尔的照片。在和铸造厂讨论的过程中，理查德发现他们没法将照片转换成浮雕面，只能用手工雕刻。（铸造厂可能并不知道用灰度图像制作浮雕面是一种众所周知而普通的技术。）理查德想知道我们能否 3D 打印出用于铸件的主模型。这一工艺的本质让人回想到伍德伯里照相印版的位图浮雕成像。在两年的时间里，我们尝试了能接触到的所有 3D 打印工艺，包括蜡染、Envision Tech、Z Corp、Objet、Stratasys 和 EOS 的工艺。尽管这些工艺都有各自的优点，但其表面加工都不是理查德想要的；当时的技术还不能达到所要的效果。

但是，3D 打印的视觉呈现能帮助理查德和 CFPR 团队解决最终成品的样子。这一作品最后是用模板数控铣削后，制作模具而制成的。这意味着这一作品从本质上讲并非 3D 打印。但正如笔者前面提到的，采用的方式以及创作好作品的意图才是最重要的！

美术的一大难点在于观念和工艺的分歧。在 20 世纪 20 年代，多数艺术家开始更加看重观念，而将制作作品的方式放在第二位，因此很难看到艺术家一直使用某种特定的技术。

1. 理查德·汉密尔顿，"艺术、技术和耻辱勋章"系列作品的凹凸贴图绘制截图，2008 年，与 CFPR 3D 打印实验室合作。
2. 理查德·汉密尔顿，"赫顿奖"（托尼·布莱尔）来自"艺术、技术和耻辱勋章"系列作品，2008 年。与 CFPR 3D 打印实验室合作。
3. 理查德·汉密尔顿，"赫顿奖"（阿拉斯泰尔·坎贝尔），来自"艺术、技术和耻辱勋章"系列作品，2008 年。与 CFPR 3D 打印实验室合作。
4. 理查德·汉密尔顿，为"艺术、技术和耻辱勋章"打印的试验品，2008 年。与 CFPR 3D 打印实验室合作。

1

2

3

4

有一位艺术家总在适宜时使用该技术。他就是美国的造型雕刻家里克·贝克尔。里克最近受福克斯广播公司委托制作"霍默·辛普森纪念雕塑"以纪念《辛普森一家》第500集。尽管里克使用了该技术，但笔者怀疑他与多数艺术家一样，都没意识到自己使用的正是3D打印技术。2006年年初，里克为CFPR提供了一套在他的新墨西哥州铸造车间制作的扫描品。他提供的都是大型青铜雕塑的初步设计模型扫描件，受越南战争退伍军人（其中包括一群曾在圣地亚哥当战俘的士兵）的委托，以此纪念逝去的战友。扫描件是由铸造车间制作，便于将设计模型按比例放大到原尺寸——4英尺高的雕像。同时，老兵们希望能售卖模型复制品，以便筹集资金铸造原尺寸雕像。

起初，里克带着扫描件找到我们，希望生产12英寸的3D打印Z Corp石膏模型，以便向老兵展示模型的外观。对里克而言，意想不到的收获是，由于模型使用石膏制作，里克可以在原模型的基础上进行修改，以便进一步制作出自己想要的初始模型。

里克最初使用素描这种传统方式制作雕塑作品，后来转向制作约18英寸高的精细黏土模型，由于模型很小，便于快速雕塑和修改。里克对重要部位进行修改时，只需要稍作改动即可完工，但如果是原尺寸雕塑，修改起来就更为困难。老兵在看到初步设计的模型后，问里克能否制作小型纪念碑复制品

以便筹措资金。里克能够将模型扫描并打印成小型塑料雕塑，因为黏土模型已被3D扫描用于扩大支架部分。黏土是在加利福尼亚州毗邻好莱坞的伯班克市Cyber FX扫描的。Cyber FX主要服务于电视和电影行业，扫描真人服装、特效以及雕塑扩大等。里克解释道：

收到CFPR 3D打印的物品时，出于审美和可塑性的考虑，我想要进行修改。其中有一种材料被制造得像石膏一样漂亮而光滑，我对此做了一些修改。我还在想要加强的地方添加了坚硬的塑像用黏土。

北加利福尼亚Cyber FX公司的汤姆·班韦尔使用硅胶磨具制作了塑料小人。里克就此说道：

汤姆制作了一个人造青铜薄层——类似铜的颜色，带着磨光的暗黑色薄镀。颜色有点暗，黑色薄镀被黏在STL引起的凹陷处，导致物体的光亮度很难被提升。事后说来，如果是我的话，我会在融合之前将其进行密封或使之平整。

关于制作成品所产生的效果，里克说道：

美国前POWs（战俘）将小雕塑放在他们的网站（www.sdpow.org）上，每个小雕

1. 里克·贝克尔，小尺寸的 3D 打印越南战争老兵纪念碑模型，圣地亚哥。© 里克·贝克尔
2. 里克·贝克尔，越南战争老兵纪念碑，圣地亚哥。© 里克·贝克尔

塑能给他们带来 50 美元的捐款，如果是黄金雕塑，则会是金额更高的捐款。我认为他们应该卖了好几百个。这些小雕塑在筹款、获得政治支持及公众交流方面起了重要作用，也帮助他们建成了现今伫立于圣地亚哥的 14 英尺雕塑。[5]

马克·渥林格的"白马"也进一步展示了 3D 激光扫描的作用，扫描后的文件后来被转换成小模型。小模型不仅是大作品的原型，还可以在修改之后单独作为雕塑。此处引用马克艺术品新闻发布会上的话：[6]

2009 年，马克·渥林格受委托为肯特州的艾贝斯费特山谷制作一座纪念雕塑。他赢得这个项目的想法是建一座 50 米高的白马雕塑，所有细节都能实现——乡村田野上一匹巨型的纯种千里马。

这一雕塑还在建造之中，其成本可能在 1 000 000 英镑到 15 000 000 英镑之间。用于制作大雕塑的小模型扫描件由克里斯·康沃尔制作，克里斯经营着 Sample and Hold 公司的扫描服务。[7]Sample and Hold 公司应邀扫描纯种赛马"里维埃拉·雷德"（Riviera Red），导致出现了许多与马的局部和整体运动相关的挑战。由于需要捕捉马的特定姿势，导致该挑战进一步升级。Sample and Hold 使用了两种不同的捕捉技术：一种是使用红外线手持式扫描仪；另一种是使用白光摄影制图法自动捕捉参考点的 3D 结构，并锚固更为详细的扫描数据。一旦扫描仪被调整使其水密后，将鬃毛和尾巴画上并添加到扫描件中。然后使用 Objet 打印机生成一个 3D 打印固体，并由此制作出最后的模型。雕塑与马的实际比例是 1∶10，与最终纪念碑的比例约为 1∶250。

很明显，现今大量的美术家都习惯于将作品外包打印。因此，3D 打印、扫描支架和小尺寸模型以及将其放大到大尺寸的能力对艺术家和雕塑家而言都非常重要，特别是那些受公众委托制作大规格作品的人。在 21 世纪，我们已经抛弃了（可能依然普遍存在）一个观点：美术家是独立在工作室工作的。笔者意识到这种说法只是泛泛而论——就雕塑家而言往往如此，但不大可能独自制作非常大型的作品，而且只有极少数雕塑家能承担起自行铸造或锻造的费用。此外，雕塑的内在支架或结构几乎都是助理制作的，只有最后的表面加工才由雕塑家本人完成。然而，即使某件作品是为你而作，使用传统手工艺技术还是使用更多放手操作或远程数字技术，这两个选择之间还是有明显差别的。传统手工艺将工艺的各个方面完全交由艺术家控制，充分利用亲身实践经验估测作品的质量和触感。而新技术则提供了一种更快速、更容易的不干涉工艺，让创作者从构造的责任中摆脱出来。这在理论或哲学上可能与第 3 章中强调的手工艺者对材料的传统理解稍有不同。比如，这些工艺可能给卡琳·桑德尔等艺术家提供更多的便利，因其作品的触感和材料质量可能并没有比传达作品的观念重要。

笔者仍然认为全面理解所用材料的内在和触觉属性是必要的，即使现在使用的是紧跟潮流的工艺技术。然而，笔者现在认为那些想要利用材料属性制作作品的艺术家，与杰夫·昆斯等想通过他人传达材料隐性知识的艺术家是有一定差异的。

到 20 世纪末，与 3D 打印到来不同的是，艺术家最后的表面加工的工作也转交给了他人。从杰夫·昆斯的作品可以看出来，他有意去寻找那些制作许多不同商业物品的手工艺者，然后由那些手工艺者来制作物品——昆斯在制作过程中没有任何干涉行为。达米恩·赫斯特[8]还雇了一大帮艺术家来制作点画和印刷品。赫斯特规定了调色板的颜色范围，然后让工作室艺术家按自己的想法选择颜色绘制或打印图像。

在撰写此书的过程中，笔者采访了大量的艺术家、设计师和手工艺者，以便了解这些实践者使用 3D 打印的情况。笔者并未将录音内容逐字重复，而是在此总结了采访内容，并试着将谈论的内容围绕着一套提示性问题（参见附录中的采访问题）展开。

鉴于以上讨论，笔者在本章中选择了两位艺术家进行采访，他们完全投身于作品制作之中。在谈论 3D 打印时，艺术家这样讨论可能有点自相矛盾，因为 3D 打印不再需要手工制作了。笔者已经明确指出许多美术家都在远程制作物品，而不是自己亲手制作。此处将要提到的艺术家在早期个人计算机出现并在艺术中使用时，便开始了数字实践。他们都有传统的手工雕塑背景。在第 1 章中，笔者便提到了曼彻斯特城市大学的凯斯·布朗教授，他在早期便将 3D 打印融入雕塑实践中。汤姆·洛马克斯开始在英国伦敦大学学院的斯莱德美术学院制作 3D 打印雕塑品。[9]但是，汤姆在 20 世纪 60 年代末便以工程师的身份接触了 CAD 和 CNC 铣床技术，并在 20 世纪 80 年代末开始用 CAD 软件。因此，他们两人都有长期使用数字技术的经历，笔者希望从用户的角度来诠释他们使用 3D 打印的理解。

凯斯·布朗

对于雕塑家凯斯·布朗而言，计算机技术是创新实践的重要内容，对于作品的观念、内容和质量是必不可少的。凯斯的主要研究内容就是他所说的"现实虚拟"或"网络现实"——而不是"虚拟现实"，因而他颠倒了网络和现实之间的常规顺序。他的目的并不在于模拟现实，而是想要探索计算机技术的可能性，并将这些可能性以"展示现实"的形式表现出来，这导致产生了一种"新物体顺序"，给我们呈现了新形式、新现实、新经历和新意义，这些可以看成是雕塑领域内思维模式的转移。

我们从 1981 年时他如何使用电脑作为设计工具开始了我们的谈话。在那时，他很幸运接触到了 Quantel PaintBox，[10] 这一绘图箱由曼彻斯特理工学院和布莱克普尔和斯托克波特艺术学校共用。两个学校每年轮流使用，最后这一机器出现在了凯斯的办公室里（这是当时英国仅有的三台机器之一，另外两台分别在 BBC 和弘赛艺术学院）。凯斯说道：

━━━━ 该绘图箱有 24 位色，可通过键盘或触摸敏感平板绘制实时三维图形，还有 160MB 的巨大硬盘驱动（当时的背景是，苹果 Mac 尚未发明，当年 IBM 公司刚引进了第一台运行 MS Dos 1.0 的 PC）。尽管与现在的 terra byte 相比，该绘图箱还比较原始而简单，但却让人们了解到了电脑绘图作为一种先进设计工具的可能性。

在 Mac 带有符号、拖曳、点击以及点 GUI（图形用户界面）的可视界面以及 PC 的 Windows 出现以前，提示符会需要学习磁盘操作系统，这对于包括我在内的许多艺术家而言，都是一个障碍。早些时候，在 Windows 出现之前，Mac 是主要的 DTP 设备，但很少在 3D 应用程序中使用。我只好开始使用 PC，而且必须慢慢掌握 DOS 和 PC 软件，这能让 3D 电脑建模更具功能性。笔者将凯斯关于早期使用强大计算机功能的评论放在上下文中，事实上，第一台多数人能使用的 Mac（1986）是 Mac-plus，有九英寸屏幕和一兆字节的内存。1984 年，第一台 Mac 只有半兆字节的内存，两千多英镑一台。

凯斯·布朗，"形式的连续性"，来自"calm
project"，1997年。7½ x 6 x 3¾ 英寸，SLS 成型。
CALM PROJECT© 凯斯·布朗

凯斯·布朗，"博夫"，1999年。7½×7×5¼英寸。热力喷射蜡打印，抛光青铜。©凯斯·布朗

凯斯于 20 世纪 80 年代中期开始将电脑作为设计工具使用。随着电脑软件硬件速度的增加及性能的扩大，以及图形引擎的越发强大，凯斯开始意识到虚拟数字产业可以作为一种单独的媒介存在。因此，在 20 世纪 90 年代初，他的作品变得完全虚拟化，有一段时间他甚至停止制作"真实物体"。他在这段时期主要的产出就是 3D 电脑生成的动画、视频和装置。在 20 世纪 90 年代，由于接触了 GI 3D 图形引擎以及提供实时功能的高级软件，他的虚拟实践变得更为可行。1995 年，凯斯在布莱顿的第一次"电脑艺术和设计教育"（CADE）会议上展示了 3D 图像和 VR（虚拟现实）之后，被邀请加入高等教育基金管理委员会、JISC 和 JTAP（见词汇表）指导委员会的 CALM（分层制造法创作艺术）项目中担任指导顾问。CALM 项目涉及许多艺术和设计知识，从英国到 CAD 和 RP（快速成型）技术。在做 CALM 项目期间，凯斯于 1997 年使用 SLS（选择性激光烧结）工艺打印了他的第一件 3D 打印作品"形式的连续性"，将自己的作品带回到有形物体之中。

凯斯的所有作品都来自数字领域，只要机会合适，他的大量作品都会使用 3D 打印和 RP 技术生成。"我的磁盘里有无数雕塑作品需要通过增材制造工艺产出。"他估计约 90% 的作品要通过这种方式产出。可能有 10% 将通过扩充实境、将大型 3D 全景图像投射到真实空间、透镜全景成像（类似于全息摄影）以及 2D 数字印刷等来产出。凯斯认为他的作品使用传统手法是无法想象、无法制作的，不论是机器工具还是手工都无法做到，只有完全依靠电脑和相关输出技术才行。他认为 3D 打印强大的通用性为艺术家和设计师提供了一种生成和制作不可能物体的可能性。

凯斯作为早期使用 3D 打印技术的艺术家，很容易被与那些制作能看出使用技术作品的艺术家列为一类。笔者认为这一点不够真诚，因为其他艺术家采用的技术制作了一些不可能物体的图片，比如"克莱因"瓶子，这些物品变得越发普遍，却掩盖了凯斯等长年使用该技术、突破技术限制的艺术家的成果。

被问及是否所有的作品都是 3D 打印时，凯斯从字面理解了我的问题，回答说他并没有将 3D 打印与其他技术相结合来制作作品。凯斯实践的本质源于生产过程中涉及的媒介和工艺。然而，他使用青铜浇铸 3D 打印品（对于美术家而言这是一种更为传统的制作 3D 打印品的方式），而 RP 工艺的细节被尽可能地保留在铸件成品中。笔者认为对 3D 打印品进行浇铸是几种技术的结合，与马克·渥林格和里克·贝克尔早期的作品类似。但那是对 3D 打印最纯粹的定义。笔者知道凯斯从字面理解了笔者的问题，认为一个物体如果是从 3D 打印的铸型上取出，那么该物体就不是 3D 打印的。笔者认为美术的未来在于各种使用技术的结合。

在讨论软件包时，凯斯告诉笔者他从欧特克 3ds 版本 2（在 3ds max 之前）开始就一直在使用该软件。这是一种曲面建模软件，在动画师和游戏行业使用较多。他还使用了 3ds max 2013 软件。这一软件能提供他制作作品时所需的工具，长时间的使用后，这一软件变得非常直观，凯斯了解了该软件的参数、局限性和性能：

—— 由于软件的原因，我从 20 世纪 80 年代起就一直在使用 PC。现在我使用的是 Xeon Mac Pro，有性能良好的显卡和 12GB DRAM（双重

随机存取存储器），并在其上安装了 Window 7 系统。我的软件在 Mac OS 上无法运行，但在 Mac 上我从浮点能比从 PC 上获得更多钱。多数几何结构都是由 CPU 处理，而且我对 Windows XP 64 很熟悉。

我们的谈论点接着转移到了广泛使用 3D 打印会出现的问题上。凯斯认为，这取决于我们想从技术中获得什么：

—— 选择满足需求的硬件和软件需要对选择范围有一定的了解；所有的硬件和软件都有它们的好坏、优点和局限，而且与能提供经费多少也有关。经费仍然是一个巨大的问题，而且与所有打印技术一样，消耗品是非常昂贵的。

一个明显的例外是 MCor Matrix300，使用廉价的 A4 激光印字纸张以及一种便宜的黏合剂，自夸其成本是与其最为接近的竞争对手的五十分之一。凯斯指出：

凯斯·布朗,"旋转器",2001 年,7½× 9¾ ×7 1/8 英寸。
热力喷射蜡打印,青铜铸件。©凯斯·布朗

凯斯·布朗，"Geo_04"，2003 年，16×16×14 英寸，
纸（分层实体制造）。© 凯斯·布朗

　　　　花费 100 英镑与几英镑购买同一
3D 打印物品是有巨大差别的。尺寸（与
机器时间相关）加上材料成本，对于
任何有一定大小的物体，如果没有限
制的话，可能会很贵。将 3D 物体的
尺寸翻倍，其体积会变成原来的八倍。
一立方厘米可能只需一英镑，但如果
是一立方米的同样物体，其成本可能
多达一万英镑。

他对这一问题进行了完美的总结：

　　　　用户第一次使用软件时可能会觉
得相当复杂，某些应用程序有上万个
可调节的刀具参数；操纵多维虚拟空
间需要特定的 3D 思维模式，与其他
媒介一样，还需要耐心、实践和毅力
来理解和掌握。

我们接着探讨了凯斯作为一名艺术家，
是否会放弃传统的工艺技巧，还是认为 3D 打
印已开始出现自己的工艺敏感性。

　　　　我并不认为 3D 打印有自己的工
艺敏感性，因为敏感性只有众生才有。
在考虑敏感性时，技术如何被利用显
然是一个重要因素。多数情况下，如
何利用技术是由艺术家决定的。对我

而言，在建模时便出现了艺术，人的
敏感性、情绪以及思维都会本能地融
入艺术之中。与所有材料工艺一样，
3D 打印有自己的属性——可用材料
种类越来越多，工艺也从 RP 转到了
AM（增材制造）。工艺的性质或材
料本身都不重要，重要的是艺术家使
用这些工艺做什么。

凯斯认为他创作的雕塑不能被当成数字
领域之外的作品，而且只有真正能将非凡创
作转换成材料形式的技术才是 3D 打印。他说
3D 打印能真实模拟物体表面的复杂结构，而
且能保证较高的精确度，这一点完全超越了手
工工艺，使用其他技术也无法做到。在应对精
细的内部空洞、复杂网格及"复杂而厚的浮雕"
时，凯斯认为 3D 打印尤其重要，因为这些都
是手工或使用多轴 CNC 铣床等其他工具无法
进入的。作为一名有 45 年专业经验的实践者，
凯斯已经使用了多种不同的雕塑工艺、材料和
技术制作了从微小模型到纪念碑等各种作品。
所有这些作品，包括 3D 打印在内，都源于他
坚信"艺术"（不论是哪种形式的艺术）高于
"媒介"：

　　　　然而，在许多情况下，人们必须
认识到（按马歇尔·麦克卢汉所说的）
媒介是信息所在。媒介在我们创作以

前不可能的物品时提供了便利，3D 打印也是如此，不论制作的物品是好、坏还是一般。对我而言，丢掉传统手工艺技巧也不会有那么大的影响，因为新型计算机技术能创造各种制作可能性。

我们最后探讨了凯斯对于未来艺术家、设计师和手工艺者使用 3D 打印的看法。他认为只要不是徒劳无用的行为，很难预测某种艺术形式或创作技巧的未来发展。他认为：

■——— 可以肯定的是随着 3D 打印的发明及自 20 世纪 80 年代初的持续迅速发展，3D 打印在 21 世纪的第二个十年已达到了一定的水平，这主要是由于高端产品成本下降，能提供更高分辨率和更快的速度。但最近，出现了新型、低分辨率的 DIY 系统，这些系统的激增让许多人只需花几千英镑便可进入低端 3D 打印市场。所以，我们都将见证各个层次突如其来的大规模使用 3D 打印技术。

现今国内电脑变得越发普及，CAD 免费软件也可以自由下载。随着用户群的飞速增加，充满激情的业余爱好者也能承担起进入 3D 打印领域的费用，尽管以前只有特许专家才有机会接触该领域。凯斯对这一观点表示赞同。他认为在这十年里，3D 打印将沿着 20 世纪 90 年代 2D 台式彩打的发展路径，成为一件极为普遍的技术，同时也会出现大量的相关应用程序。凯斯认为 3D 打印将对制造业产生巨大影响：

■——— 由于花费相对较少，而且自由艺术家、设计师和手工艺者都有着电脑和 3D 打印机，他们可以通过已建立完善的国际订购和配送系统在网络上将自己的服务和产品卖给国际客户。

由于 3D 打印技术的持续发展（目前许多都处于研发层面），人们获得多种永久性材料（建筑申请书都高达好几米）的能力增加以及建筑和工程应用上令人兴奋的发展前景，使得目前材料尺寸的限制将不再是问题。考虑到同时打印微观或宏观层面多种材料的能力增加，只有天空和思维才会成为限制！自从陶器和普通的砖头发明以后，增材制造取得了重大发展，毫无疑问，未来该制造技术会有更好的发展。

与笔者的观点不同的是，凯斯认为成本的下降会让更广泛的用户接触到该技术。但笔者认为廉价的电脑不可能打印出符合大众消费标准的物品。这一观点可能预测未来技术采用的中间范围，笔者可以预见艺术家和设计师提供的服务将成为消费者和生产部门之间的连接体。

然而，笔者确信前景一片美好，艺术家、设计师和手工艺者将有真正的潜力成为采纳和使用这一新技术的重要群体。

凯斯·布朗,"冠",2009 年,11×16×14 英寸,
ABS 塑料。© 凯斯·布朗

汤姆·洛马克斯，"Anael"，"天使"系列，2011 年。
CFPR 3D 打印实验室打印，布里斯托尔。© 汤姆·洛马克斯

汤姆·洛马克斯

笔者将汤姆·洛马克斯的作品归到马里内蒂的传统艺术和意大利的未来主义一类。汤姆有美术背景，因而会将自己放在比马里内蒂更早期的时候，靠近（绘画的）至上主义时期。由于他使用 3D 软件制作作品，因而总是会考虑美术实践和美术作品之间的关系，不论是历史上的还是当前的都会考虑。他在成型和抽象之间摇摆不定——尽管在 CFPR 打印的 3D 彩色作品是完全抽象的。汤姆从现代主义艺术家的观点来看待自己的作品——不仅观察其形式，还要放在当代环境中观察作品中的假象和影射——完全沉浸在雕塑传统之中。尽管汤姆有工程师资格，但他会在伦敦中央艺术学院继续学习绘画，并接着在英国伦敦大学学院斯莱德美术学院攻读硕士学位（绘画专业）。汤姆说他的设计鉴赏力来自早期的工程师生涯。在他攻读艺术学院之前，他对功能性物体很感兴趣，并且总想知道它们是如何制作的。因此，他将自己目前主要的实践经历看作雕塑家实践：

我仍然会绘画，仍然会制作绘画图片，但所有都是从雕刻的角度——至于绘画的颜色（如果你喜欢的话），那是支撑颜料和绘画之间关系的核心。在制作青铜器时，我会涂上蜡颜料或制作彩色的绿锈而不是简单地氧化或将两种形态放在一起。我会让色彩起到审美的作用，因此，我会像希腊人或罗马人那样使用多种颜色。

他的这一观点在使用 3D 打印制作的彩色作品中可以看出，你也可以从以下对汤姆作品的解析中看到。

但是，汤姆最初的工程学背景确实为他的数字作品打下了基础。他描述了他在 20 世纪 60 年代初第一次使用早期电脑数控机器（CNC）的情形：

1962 年，我在威布里治工作时第一次看到了 CNC 机器——非常巨大，用来切割 DC10s（飞机）的翼剖面。当我看到 CNC 机器运作时，它正自动将机翼拴牢在一起，当时心里就想：未来的机器就应该是这样的。因此，从那次工程学经历后，我一直对数字世界充满了兴趣，总是在思考数字如何与几何体联系在一起、如何在空间确定事物的位置。

汤姆使用 CADCAM 将这些想法变成了现实，但他目前的实践还是以工作室为基础：他仍然会制作一些小型青铜器，仍然使用绘图机、机械切割机，等等。因此，早期的制造车间和工程学背景为他目前的工作奠定了坚实的基础。他的实践是以对这些早期实践的理解为基础，通过几何、物体运转以及物体位置来进行雕塑活动的。从这种意义来讲，他的工作属于非常传统的雕塑实践，也符合当代的美术实践。

汤姆是一个实用主义者，他介绍了自己第一次在作品中使用电脑的经历。他当时在法国做一个绘画项目，工作的地点是一座开阔的谷仓，天气甚好，微风轻拂。当他将绘图板上的纸拉下时，下面沉积的灰尘在绘图旁堆积成一个污点。此时，他的儿子正在房间内的电脑上使用 Paint 软件。汤姆进屋，通过黏胶和涂浆，在儿子的电脑上快速（而轻松地）将绘图板上的所有设计重做了一遍。有了这次突破性进展后，汤姆开始尝试使用 AutoCAD（当时是建筑师使用），但却发现太难了。1992 年，他发现了 Bentley MicroStation 软件（可以在微软 Windows 上找到），他立刻开始纳入使用。汤姆开始使用 MicroStation 软件来做所有公众艺术和工程项目，而且他逐渐意识到，作为一种工程学 CAD 软件包，Bentley MicroStation 肯定有其他性能。他开始注意到该软件的程序设计不仅限于工程上的要求，

比如进入软件之后，可以随意点击，而且软件参数是开放的而不是关闭状态。因此，尽管这一软件并不简单，但汤姆开始明白，可以把软件拆开使用，利用该软件做一些与工程学无关的事。这个时候，汤姆开始考虑将这一软件程序作为即兴雕塑创作的工具。

2000 年，汤姆被授予了两年的亨利·摩尔奖学金。那时，他已经使用了 15 年的 CAD，而且仍在使用 Bentley MicroStation 软件——只不过是一个更高级的 MX 版本，但汤姆能熟练地利用这些软件制作所需的作品了。事实上，比起 Rhino 软件，汤姆更喜欢 Bentley MX，因为在他看来，Rhino 软件似乎被修整过，而且有一定的预测模式。因此，尽管他觉得 Bentley MX 有点混乱，但却更公开，能让他去探索各种可能性。汤姆也会在 CNC 机器上制作部件，因为在斯莱德艺术学院有一台供研究用的 CNC 机器。因此，他开始观察各种物理应用，思考如何将几何运作方式运用到自己的制作实践中。他看到 CNC 机器在雕塑雕刻方面的运作方式非常有趣。一次，他在看一个关于设计公司 Seymour Powell 的电视节目时，看到了 3D 打印机。那个设计公司使用 3D 打印机制作了 Bioform Bra。

1. 汤姆·洛马克斯，"拉斐尔"，"天使"系列作品，2011 年。CFPR 3D 打印实验室打印，布里斯托尔。© 汤姆·洛马克斯
2. 汤姆·洛马克斯，"卡菲尔"，"天使"系列作品，2011 年。CFPR 3D 打印实验室打印，布里斯托尔。© 汤姆·洛马克斯

1

2

1.汤姆·洛马克斯，"迈克尔"，
"天使"系列作品，2011 年。
CFPR 3D 打印实验室打印，布
里斯托尔。© 汤姆·洛马克斯
2.汤姆·洛马克斯，"加百利"，
"天使"系列作品，2011 年。
CFPR 3D 打印实验室打印，布
里斯托尔。© 汤姆·洛马克斯

■　　你可以看到液体共聚物和一根小细绳，使用激光束在它们周围扫动，然后用激光将物体分开，分开物体的同时会看到在共聚物上有物体形成。我想：这有点像我在 20 世纪 60 年代看到的 CNC 机器······那时我开始思考：这就是雕塑的未来所在。

目前，汤姆使用的软件工具包括 Bentley MicroStation、Magix 以及 Rhino 软件，但他倾向于交替使用 MicroStation 及 Rhino 软件。他也经常使用 Magix，因为他可以熟练地使用该软件进行解剖、提取和挤压，这是他使用 MicroStation 无法做到的。

目前，对汤姆而言 CAD 中最重要的工具是提取布尔曲线。他认为提取布尔曲线是一种精细的雕塑工具形式，为人们提取成分和操作物体提供方便：

■　　我喜欢 CAD 的真正原因在于它让人远离传统雕塑，不需要过分注重雕塑支架，人们总是因支架的问题陷入困境——因此，CAD 是一种现代建模方式，你可以在头脑和纸上完成所有事情。这也是我为什么会制作这些模型的原因。

汤姆解释道：

■　　计算机绘图对我而言意味着两点：一是大脑和眼睛相协调的表现形式；二是思考的工具。我认为你一定经历过手与大脑相配合的过程，就像使用铅笔一样，但你在电脑上很难识别出来，因为在电脑上显示时只是某一页上的一条线，而且电脑也不会告诉你，你是如何将手和大脑配合起来探索绘画空间的。即使像 SketchUp 这种易于使用的简单软件，也无法动态处理绘画空间的问题。我认为那些近期开发的软件包对我而言更有用，因为它们开始将绘图敏感性融入其中，进而帮助人们发现更多可能性。

在斯莱德艺术学院教学时，汤姆发现人们找他时，会把他当成服务人员，比如，有人会说，"我想把这个做成三维的"等，汤姆会回答，他无法做到。他会向他的学生解释：

■　　是的，你可以扫描，可以复制，但这些都是需要学习的——你不能只是想要得到，这是问题所在。学生们不想安心坐下来把物体制作出来！学生们不会知道你深夜绞尽脑汁制作物体已经 10 年了。他们只是想要立刻得到物体。其实，在某些时候某些场合，我们告诉别人制作物体是一件容易的事，难道不是欺骗了他们吗？

对汤姆而言，该技术吸引人的一点是能让人们创造性地制作物体，特别是 3D 扫描技术以及 3D 领域最新的发展。比如：

■━━ 克里斯·康沃尔和我对马克·渥林格的马进行了扫描。他在英国伦敦大学学院联系上我们，克里斯和我来到赛马场，当时马住在埃普索姆。他把那匹马叫"里维埃拉·雷德"，我们对它进行了扫描。尽管你可能欣赏这种有生命力的动物，但它们却不会配合你。扫描一匹马是根本不可能的，甚至有些专家认为我们的扫描质量肯定会很差。但当时有可以实时扫描物体的 3D 扫描仪，在扫描马时，一旦马的形态发生变化，扫描仪会停止并显示马移动了，然后重新开始扫描。扫描仪会像 3D 视频一样优化物体的形态，围绕着该物体，每次暂停我们都知道会得到一组新数据以及一组新的几何形状。现在佳能推出了一款可以快速扫描的相机，以后每个人都可以做这种 3D 扫描了。[11]

我们最后以 3D 打印的未来及汤姆是否觉得 3D 打印有技术敏感性结束了此次采访。汤姆认为 3D 打印当然有自己的技术敏感性：

■━━ 制作物体没有"如果"和"但是"之说，正如我说的，到现在我都保持着制作青铜器的传统技巧，我仍然会进行绘图和创作。我的工艺实践有约 70% 是通过 3D 打印或 CAD 来完成，20% 是通过 2D 打印完，制作青铜器只占 10%。现在我不会将 3D 打印与任何制作联系在一起，我喜欢这个工艺本身，也包括该工艺带来的幻觉——把物体分成好几百层，但对我而言这就足够了。我认为 3D 打印技术只会变得更加便利，但也会保持自己的独特性……有时，我会想做一些逆向工程，制作一个打印品然后将其做成电铸版，当然，这还只是我的想象而已。

那么 3D 打印的未来如何呢？汤姆关于 3D 打印的未来当然与个人实践相关。因此，他希望能使用更为永久性的材料更快地打印出更大、更好的物体。

由于汤姆的艺术实践与形体相关，因此，他希望能更容易捕捉到扫描图像，同时，他可以依靠那些水密文件，不用修补就可以直接进行打印，这一点很重要。

■━━ 我认为，一旦完善了带瓷釉粉的钛和不锈钢等 3D 烧结材料，彩塑这一目前还过于昂贵的雕塑就会进入一个全新的领域。Voxeljet 公司现今将一台机器由四米变成一米，而且还将扫描和 CAD 结合使用，产生一种新型而令人激动的形式。当然这也是我期望看到的。

这两位艺术家有着明显的相似之处，他们使用电脑进行艺术创作都已 20 年，而且他们都制作一些与形式和移动相关的作品。然而，笔者认为他们从根本上讲，有着很大的不同。笔者觉得，凯斯·布朗更加关注计算机和数字技术的发展，而且笔者认为他更为注重这种发展会如何从哲学层面影响他的艺术手法和技术使用方法。其中使用技术的方法是他个人实践的核心。而汤姆·洛马克斯是一名直接用户，技术只是他进行艺术创作的手段。

汤姆·洛马克斯，"萨基尔"，"天使"系列作品，2011 年。CFPR 3D 打印实验室打印，布里斯托尔。© 汤姆·洛马克斯

1 藤幡正树，通过私人邮件联系，2012 年 7 月。
2 查尔斯·赫尔（1984），立体平版印刷制作三维物体的装置。专利说明书编号 4575330，美国专利局，申报日期 1984 年 8 月 8 日。
3 卡琳·桑德尔，2012 年 7 月。http://www.karinsander.de/index.php?id=e5

4 阿特伍德、鲍威尔（2009），耻辱勋章，伦敦：大英博物馆出版社，pp. 96~97。
5 里克·贝克尔，通过私人邮件联系，2012 年 7 月。
6 安东尼·雷诺兹美术馆，（2012），新闻稿，2012 年 11 月 7 日。http://www.anthonyreynolds.com/news/documents/ PressRelease.pdf

7 克里斯·康沃尔，"采样和保持"。http://www.sampleandhold.co.uk/,2012
8 安尼塔·辛格，（2012），"达米恩·赫斯特：助手制作的点画一直存在于我心里"，《每日电讯报》，2012 年 1 月 12 日。
9 汤姆·洛马克斯 http://www.ucl.ac.uk/slade/research/staff/archived-research/project-7

10 鲍勃·潘克，"数字发展手册" Converged Media，20 世纪周年纪念版。www.quantel.com，2012 年 11 月 12 日。
11 佳能相机和微扫描，http://www.4ddynamics.com/3d-scanners/picoscan，2012 年 11 月 13 日。

5

设计和设计师：
当代设计师案例研究

设计师不论从数量还是从使用技术的经历来看，都是 3D 打印最伟大的使用群体之一。因此，要探索设计师使用 3D 打印的方法，笔者决定将诸多设计领域划分为两类：大型公司的工业设计师和独立或小型工作室的设计师企业家。

第一类工业设计师是由在大公司的设计师组成，他们的设计对于公司的生产线至关重要。在过去十年里，这些公司的惯例就是使用 3D 打印快速成型，这主要因为大公司拥有更多的资源。莲花和红牛等 F1 赛车队以及阿斯顿·马丁和宾利 [1] 等跨国豪车公司使用的都是 3D 快速原型技术来试验新车型和新部件。从阿迪到克拉克等鞋类公司 [2] 都使用 3D 技术设计鞋子和不同的鞋底纹路和款式。英国的 Denby 陶器和葡萄牙的 Costa Verde 等陶瓷公司也使用 3D 技术多年了。

MakieLab 和迪士尼等玩具公司也使用 3D 打印技术以便对市场需求或最新潮流迅速做出反应，3D 打印技术还让他们在尝试新设计的同时，不再重新创建专业模具。[3]

儿童娱乐巨头迪士尼目前在研究将 3D 打印用于创作新型玩具。该研究主要制作有活动组件的互动类设备，这种设备必须作为单一物体存在而不是由各个部件组装起来的。迪士尼匹兹堡实验室的研究团队已经使用 3D 打印技术创作可替代光导纤维使用的"光导管"。打印适合玩具特定形状的光导管在放置和照亮相贯管件时，比传统照明纤维更为便利。

尽管这一群体只包括小部分的公司和相对较少的设计师，但从生产量和影响部门发展来看，却是 3D 技术目前为止最大的用户。

第二类是独立的设计师企业家，他们主要制作出售给公众的人工制品。这一类的典型例子有阿萨·阿叔奇、莱昂内尔·迪安和"Freedom of Creation"设计室，[4] 他们从 2001 年开始便将自己制作的 3D 打印物体直接在网上出售。Freedom of Creation 最著名的可能是他们的 iPhone 4 和"高迪椅"（第一件使用选择性激光烧结尼龙和碳纤维打印的家具）。他们现在的设计物品种类齐全，从灯具、桌子、椅子到珠宝都有。由于在这一模型上的成功，现在他们开始出售更多传统物品，主要通过在荷兰的四家店和其他出口，比如美国的苹果零售店等。

还有另外一群设计师也属于独立设计师这一类，他们是珠宝制造商。他们将自己定义为设计师而不是手工艺者。珠宝匠常使用 3D 快速成型技术，因为一次制作可能生成多个小部件，这使得他们有成本去使用更为高昂的技术和材料。笔者在此处区分了传统珠宝匠、银器匠、手工艺者（比如玛丽安·佛利斯特，材料质量和手工艺技巧对他们的实践非常重要）以及使用 3D 打印定制珠宝的设计师——最佳案例是位于波士顿的二人组 Nervous System。Nervous System 于 2007 年由杰西卡·罗森克兰茨和杰西·路易斯·罗森博格共同创立。他们是一个设计团队，在 MIT 接受过建筑、生物和数学方面的教育。他们主要制作激光烧结尼龙和金属珠宝，但也制作拼图和灯具。在网上以及旧金山现代艺术博物馆商店等专门经销店可以找到他们的作品。Nervous System 的珠宝设计通常源于自动生成的数学算法和复杂的数字拼图。笔者认为 Nervous System 制作珠宝不是因为所用材料的内在属性，而仅仅是想制作出经济可行的物品，但这些物品仍然蕴含着他们所追求的 3D 生成、数字化设计作品的属性。在过去的五年里，Nervous System 成功建立了一个基于网络的商业链，主要售卖 3D 打印的创新型设计，可直接由公众订购。Nervous System 在网上概述了他们的核心设计理念：[5]

——— 我们创建了 Nervous System 以探索在开放性和互动性的大背景下，将工艺和形式联系在一起的设计方法。我们的关注点在于设计方法，使用算法和物理工具创建创新性产品和环境。在形式上，我们被那些复杂而非传统的几何图形所吸引。我们的灵感都来自于构建周围世界的自然形态和相关过程。从珊瑚群到干涉图样，对自然现象的研究是我们设计工艺的重要组成部分。

Denby 的"光晕"茶壶、杯子和茶托。© Denby 陶瓷在研究 3D 打印的创新型用户时，第一个问题通常是这些创新型人员对自己的定义怎样。设计师可能是所有创新领域中最难分类的，特别是他们是如何看待自己和自己的实践的。在本书中，笔者采访了大量的设计师，发现这些设计从业人员对自己的评价都非常相似，但从工业设计师到艺术家都有。然而，如果你仔细观察他们设计某一功能物体的方法，你会发现有些分类确实会出现。比如，阿萨·阿叔奇的 3D 打印物体被从打印机上移除时，便已经是功能性成品了，因此，很容易进行复制而批量生产。相反，玛丽安·佛利斯特的作品在打印出来之后，还需要相当长时间的加工才能完成。比如她的"旧石器"手表，该一次性作品

花了六个月的时间做后期清理工作。还有一个例子是产品设计师彼得·沃尔特斯博士，他使用 3D 打印不仅制作展览用的艺术品，还生产一次性研究模型，如柔性制动器和陶瓷燃料电池——这些都是正在进行的艺术和机器人合作的基本要素。

从视觉艺术的角度来看，设计领域是使用 3D 打印最多的。这可能是因为设计师在更早的时候就开始学习使用 CAD 软件。在采访的所有 3D 打印创新实践者中，只有设计师的产业哲学与 3D 打印技术更为接近。许多设计师使用该技术让物体快速成型以便展示给客户，或解决视觉和技术形式中的细节问题。

1

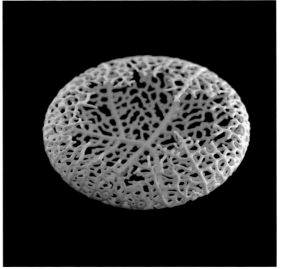

2

3

4

1. 布拉姆·格南，"Freedom of Creation，高迪椅"。©Freedom of Creation 设计室

2. Nervous System，"菌丝胸针"，选择性激光烧结尼龙塑料。©Nervous System，杰西卡·罗森克兰茨摄影。

3. Nervous System，"菌丝戒指"，青铜灌注的 3D 打印不锈钢。©Nervous System，杰西卡·罗森克兰茨摄影

4. Nervous System，"3D 螺旋手链"，青铜灌注的 3D 打印不锈钢。©Nervous System，杰西卡·罗森克兰茨摄影。

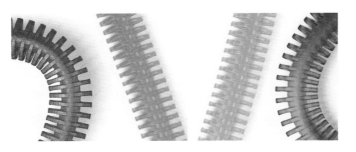

　　早期使用 3D 打印快速成型技术的商业案例是 2000 年设计师罗恩·阿拉德为米兰家具展制作的花瓶和灯具。[6] 这些花瓶和灯具"非手工制作，也非中国制造"，而是使用"虚拟原型"制作而成。灯具由 12 个以螺旋设计为基础的物体组成。屏幕上的 3D 图片可以通过准确地跳动或拉伸成不同的形状，使之更为生动。这些定格和形状到时会变成模板。然后使用 SLS 机器构建物体的框架，进而可能产生无穷的变体。

　　此处要引用的近期案例是 Denby 陶瓷公司，其主要使用 Z Corp 510 和 310 打印机生产设计原型，目的在于更好地理解新模型的美感和形状。Denby 陶瓷公司成立于 1809 年，最初生产盐釉陶器，接着由于生产的瓶罐质量精良而逐渐在国际上建立声望。19 世纪末，Denby 陶瓷将厨具系列进行延伸，使其产品更为多样化，同时制作了绚丽的彩釉成了 Denby 的标志。至今，这种彩釉仍是 Denby 的标志性产品。在最近几年里，Denby 又产生了许多不同的除陶瓷以外的厨房和家居用品

等，将其产品变得更为多元化。

　　在 Denby 的设计师采用 3D 打印技术之前，他们会先进行绘图，然后将其转录成黏土底稿，再使用该底稿制成石膏模具，比如要制作手柄模具，必须从一大块石膏上雕刻出来。从设计理念到石膏成型需要长达三周的时间。Denby 现在一晚上就可以将概念模型打印出来，事实上，一次打印就可以生成八个模具。

　　Denby 陶瓷选择 Z Corp 的原因是，Z Corp 的工艺从本质上讲是打印石膏模型，该打印技术与 Denby 的传统成型工艺最为接近。Denby 的高级设计师加里·霍利解释道，对 Denby 而言，意想不到的收获是能增加生产模型，使用陶瓷铸型滑泥铸造物品。为了缩短从产品概念到生产的时间，他们会拿出设计的手柄（此处以制作手柄为例），使添加原料的黏土浆在铸造工艺时流入模具。然后将 Z Corp 的石膏打印模型嵌入石膏块，以此做出用于铸造的硅胶模具。这些创建的模具质量精良，可以成批生产，因此进一步减少了设计时

间和生产成本。Denby 陶瓷每天都要使用 3D 打印机，目前主要用于设计生铁、木材和玻璃材质的厨房用具。他们也可以将模型和 STL 文件发给海外供应商进行快速成型，这让他们能更容易、更快速地将设计投入生产。

　　3D 打印对 Denby 而言只是一个设计工具。如果他们能一次从容器中获得 10 个模型，他们便能立刻知道该模型能做什么，然后将同样的模型生产成不同的尺寸、不同的手柄和喷口。他们可以非常迅速地用一个模型对所有生产问题做出反应。对 Denby 而言的优势在于，这一设计是安全的，因为他们在服务器上有信息备份，但如果是以前，一次性传统模型一旦破碎就很难重建，而且需要花费大量时间。但现在他们直接打印一个原型即可。Denby 仍

尽可能使用传统手工艺者和手工艺技巧，而且也确实从他们的技能中获益不少。但如今，3D 打印成了 Denby 设计工艺必不可少的一部分，尽管相对古老的工艺技术也为他们带来了不少益处。Denby 模型塑造组组长肖恩·奥基夫解释道："这一工艺缩短了从概念到生产制造的周转时间。绘图、模板、成型工具及以前冗长工艺中的许多部件都不再需要了。"[7]

　　设计师制作物体所采用的方法与其他领域差异不大。唯一的差别在于使用标准行业专用软件比美术家或手工艺者更为频繁。美术家和手工艺者更多地使用开源软件或自己编写的代码制作特定效果，而且通常也不愿与人交流。设计师则在必要时将文件转给第三方，只要他们确保那些文件能立刻被读取、理解和打印出

1. 彼得·沃尔特斯，"柔性致动器"，CFPR 实验室。© 彼得·沃尔特斯，2012

2. 玛丽安·佛利斯特，"微型钛表"。© 玛丽安·佛利斯特

3. 3D 打印 Denby 杯手柄，用于制作模具以便生产中注浆成型。© Denby 陶瓷

3

来即可。

笔者认为所有 40 岁以下的产品或工业设计师都会使用 CAD 程序，对 CNC 技术也会有一定的了解，因此，转向 3D 打印是很容易的。此外，多数设计师使用 3D 打印技术为顾客制作原型，或像前面提到的，用于制作商业环境中短期运转的专业部件。

然而，软件用户，特别是创新性软件用户使用软件的方式与软件公司的设计初衷并不一致。第一次引进喷墨印刷时，我们在 CFPR 与一群选定的艺术家举办了几场研讨会，以便了解他们如何使用 2D 打印软件。艺术家们并没有只是拍照和再制造，在创建图形时他们非常求真务实，竭尽全力涂写、扫描、打印，然后再进行绘图、打印、再扫描，以便制作出适合项目的复杂图形。从根本上讲，软件开发者从未想过他们会这样使用软件。[8] 艺术家和设计师并没有按预期的方法使用 3D 软件，笔者认为这一点在笔者的采访中也得到了证实。

与笔者采访的其他创新型用户相似的是，设计师在有限的材料选择以及 3D 打印物体的材料质量方面也存在问题。设计师试图通过后期处理材料解决一定的问题，比如阿萨·阿叔奇会对生产的尼龙部件进行染色和抛光。当然，材料也正开始发生变化，这一点可以从 MIT 建筑师兼设计师内里·奥克斯曼教授的作品中看出。她从视觉的角度将这一技术向前推进了一步。内里的近期作品"虚构生命体：那些不存在的神话"是在 MIT 媒体实验室中使用 Objet 公司的新型彩色 Connex 制成，于 2012 年 5 月在巴黎蓬皮杜艺术中心进行展览。尽管使用之前的 Z Corp 650 打印机也可以进行彩打，但最新 Objet Connex 的双色材料将设计和 3D 打印彩色物品的能力向前推进了一步，提供了一种与众不同的材料可能性，为在物体中嵌入颜色提供了无形的支持。

至于本章中的案例研究，笔者将采访记录进行了总结，并试着将访谈内容围绕着事先发给被采访者的问题（参见附录中的问卷）进行。笔者并未将采访形式限定于提问与回答的模式，而是与被采访者一起对提出的问题进行自由讨论。笔者认为这样能让每个案例研究都更为有效。

阿萨·阿叔奇、莱昂内尔·迪安及彼得·沃尔特斯的作品似乎代表了目前设计师使用 3D 打印的方向，同时也为设计领域提供了不同的视角。

CFPR 实验室的大卫·赫森，3D 打印咖啡杯和茶托。© 大卫·赫森

阿萨·阿叔奇

阿萨·阿叔奇，1969 年出生于以色列。他在耶路撒冷的比撒列艺术与设计学院攻读了产品设计的文学学士学位。毕业后，他与建筑师合作开了一家主营设计的设计室。2001 年，阿萨搬到伦敦继续他的工作室项目，同时在皇家艺术学院获得了产品设计文学硕士学位。2003 年毕业时，他的作品被当代艺术协会购买下来，用于 2004 年伦敦"特色馆藏计划"展览。在"伦敦设计节"和 2005 － 2006 年的"弗雷兹艺术博览会"上，阿萨制作的新家具和灯出现在了伦敦设计博物馆的中厅以及展览空间 Tank 中。2006 年，他因为产品设计获得了伦敦设计博物馆和费尔巴恩基金会奖，以及"红点"设计大奖。阿萨目前在伦敦城市大学教设计套件研究生课程。

阿萨在个人实践时，充分使用了打印预装配多接缝物体的能力。他制作的物体已经无法看出是 3D 打印的，而且他还能制作出一些人们收集或满足人们需求的产品。这让他设计的产品有一定的流动性和灵活性，超越了尼龙材料内在的刚性特质。他第一次接触 CAD 是在耶路撒冷攻读文学学士学位期间：

━━ 我们很幸运能在硅胶制图机器上接触到阿利亚斯光波（Alias Lightwave）。我觉得能在屏幕的三维空间里旋转物体是很奇妙的——那时的软件主要在电影和汽车行业使用，现今的主流技术 CNC 和曲面建模在当时还属于新型技术。我记得当时即使是工作人员都不习惯使用该技术，老师也不认可我将虚拟物体制成原型。但这成了我使用数字技术的开端。

20 世纪 90 年代，阿萨开始了自己的研究生涯，那时的主流 3D 打印技术是立体平版印刷。阿萨很幸运地获得了欧特克和 Eos 的赞助，尽管他当时还只是皇家艺术学院的一名学生：

━━ 我有着经典设计学的背景，因此，我很喜欢各种材料，也因为 3D 打印带来的各种机遇感到兴奋不已。我不会把这一技术当成是不同设计的混合，我觉得这是一种符合自然规律的发展，或者如果可以的话，也是一次全新的机遇。

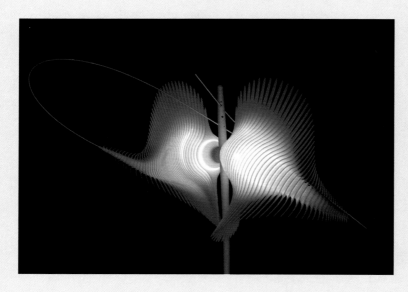

阿萨·阿叔奇，"FLY"光。
© 阿萨·阿叔奇工作室

阿萨·阿叔奇，染色的"Bon Bon"光。© 阿萨·阿叔奇

为了制作用于 3D 打印的虚拟模型，他主要使用三种软件包：Alias（一种 NURBS 曲面建模软件，主要用于电影和动画行业）、欧特克 3ds Max（当时的 3D Studio Max）和 SolidWorks（用于需要使用更为严格工程方法的任务，有严格的公差要求）。他说道，比如在制作家具的几年里，他发现 Alias 软件中的流变曲线对于他进行自由设计的流畅性非常重要。他设计完之后，通常会送到 3T RPD 或"都市作品（Metropolitan Works）"等服务平台进行打印。

阿萨的作品有 90% 以上都是 3D 打印的。尽管多数时候都是先有创新性发展，然后才在无形中有了产品发展——但对于已完成的设计而言，这一点是绝对的。他仍然会使用传统成型工艺来制作传统原型，这样一来，他可以在物体通过传统途径送去 CNC 切割铣削原型之前，对物品及其边界进行检查。他还会使用模压成型，但从根本上讲，所有的工艺都以数字文件开始。同时，他将塑料和金属混合使用，并在 3D 打印中试用。对于更大型的雕塑作品，他还会使用玻璃纤维和碳纤维。笔者还询问了他与 Nike、三星以及松下等大型公司的合作情况，试图了解我们该如何转向使用不同的制造方法：

▬▬▬　　　我对这一技术很熟悉，但该如何提升该技术呢？如何使用该技术更好地制作产品呢？这是我目前最大的挑战之一。这不仅仅是疯狂地建立方格或几何图形的问题，而是怎么向用户提供更好的产品。

阿萨目前与 EOS（德国 SLS 机器制造商）有着密切合作，因为他相信目前激光烧结尼龙是进行大规模定制的最好产品。

▬▬▬　　　尼龙更能预见、更具可控性，材料耐用而且便于加工。如果不考虑尼龙的成本因素，我们可以制作出一些优良的产品，特别是使用振动抛光及染料浸渍等后加工工艺。

其他非常好（但也非常昂贵）的产品包括激光烧结金属、黄金、银、钛、不锈钢、铜和纯合金。

阿萨认为金属对工程业具有较大的价值，但对于消费者市场而言，最大的障碍是成本。阿萨认为这一点会发生改变："如果你能用特别的方式表征材料，你就可以在设计的过程中对材料的特征进行分析、预测和完善，你就能以一种不同的方式进行制作，比如厚度等所有其他特征都会变得非常有趣。"

接着，我们讨论了如何利用 3D 打印的特点突破设计思维的界限：

▬▬　我会把数字成型作为一种新的设计方法。由于我设计的物品是运动的，因此在某些方面必须有一定的弹性——设想一下你想将物体折弯，但你并不希望它破裂。在虚拟环境中进行塑形和改造时，你会希望得到漂亮的聚合流线循环——这有点像当你希望孩子健康时制作 DNA 一样……我们在设计物品时，必须记住一点：这些物品会被改造的。

就软件而言，阿萨更喜欢使用 StudioMax 软件进行设计以保证几何曲面细分，因为他的目的必须非常自然，没有任何粗糙的交叉点，直接汇流到一起。他用游戏中的动画做了类比；尤其是对脸部及脸部的运动方式进行编程以表达个人情感。对重新设计人物面部表情的模具进行编程也特别重要，因为必须保证人物在呈现表情和说话时，表情是漂亮而且自然的。

对阿萨而言，3D 打印中遇到的困难来自材料特性，或者说是由于缺少材料特性："首先，所有都是由一种材料制成——在实际情况下，只是一大块固体材料，从某种程度上讲这是一件好事，没有任何零件。"

因此，他试着使用一种材料并利用尼龙的天然弹性，设计制作所有物品。比如现在，他正在设计一种含有齿轮结构的折叠椅——椅子的所有部件都来自一个打印物品：

▬▬　设想一下你可以直接从机器上取下椅子，只要轻轻一动，就可以立刻打开，然后坐上去——因此，从某种意义上讲，这种可能性很大，因为你在中国（这里仅以中国举例）没有可以帮助你装配的人，但有时候你还是会说："好的，只是希望椅子里还装一种材料。"以及，"哦，那是不可能的！"

阿萨认为随着新材料的开发，材料属性也随之发生着变化。他在此还突出强调了以色列公司 Objet，该公司正在市场上出售多材质的 Connex 系材料。然而，从本质上讲，这只是两种主要材料（同一种材料的硬性和软性变体）混合使用的结果。Objet 公司使用软件制作出某种材料从硬到软的各种属性，而不是使用多种材料制作各种不同的属性，这一做法非常聪明。

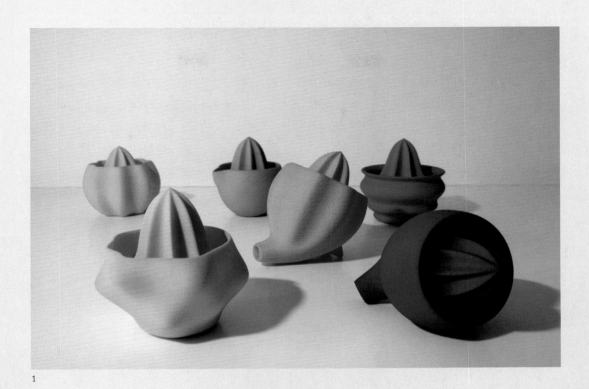

1

2

1.阿萨·阿叔奇，染色的柠檬榨汁机。© 阿萨·阿叔奇
2.阿萨·阿叔奇，"柠檬和青柠—纪念品—3TRPD—增
材制造"，计算机显像。© 阿萨·阿叔奇

阿萨非常清楚该如何看待目前人们对 3D 打印的广告宣传和媒体兴趣。他用大学时期罗恩·阿拉德的话做了解释："不要太把自己当回事了"——他总是会考虑自己是否太过于较真：

人们为这种技术的出现感到兴奋，该技术的出现也是源于人们对创作、制造及实体化等的渴求。我认为我们必须确保自己不要过于兴奋。因为对于你和我而言，这并不算"新闻"，有趣的是，突然之间所有新闻都围绕该技术展开。于是，我不停地问自己为什么。这一技术已经存在好久了，为什么现在突然变得"有趣"起来？可能是因为我们可以从该技术中获得最大的利益。我们应该对任何事物都保持这种开放态度。

他相信时间对成就的重要性："如果你把自己所有的时间都花在对之信任又有热情的领域，你会对该领域有较深的理解，你会成为该领域的专家。"阿萨提倡把时间投资在那些有热情的领域，并进行持续的学习和教育。有个例子能很好地解释他的观点。有两名技术员在同一台机器上生产同一设计品："其中一个会采用不同的方式使用机器，并对机器的速度、热度以及激光等进行不同的设置，导致机器的

所有属性都不同——因此，他们的 3D 打印品也并不是我们想象的那样一致。"

阿萨认为 3D 打印的未来方向在于本土制造，即他所说的"邮编生产"：

这是由城市随时间的变化情况决定的。城市里的本地业务将 3D 打印机等距联系在一起。打印机的生产能力将取代所有其他机器——基本上，最理想的情况是，用户可以走到拐角处，直接在当地获得想要的物品——将用户变成合伙人，以帮助生产者利用多余的产品。

阿萨·阿叔奇，"铝光"。© 阿萨·阿叔奇

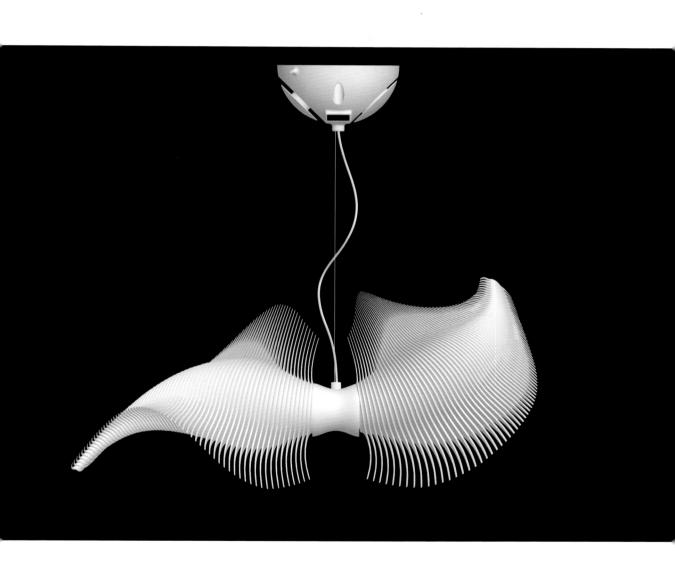

莱昂内尔·迪安博士

莱昂内尔·迪安将自己界定为产品艺术家，认为自己是最早在创新型环境中使用 3D 打印的设计师之一。在 2002 – 2003 年，他在设计中一直使用快速成型技术。在此之前，他在 2002 年使用该技术参加了欧洲设计大赛。莱昂内尔描述了他第一个 3D 打印作品的设计过程：

▬ 部件本身必须进行喷射铸造，而我需要制作一个原型。原型是一个有许多刻面的透明物件，唯一能将其实现的方法就是通过快速成型技术。我使用的工艺是选择性激光烧结(SLS)，通过大学同学联系到了 3D Systems 公司的人帮我们进行物件打印。拿到邮寄的原型部件时，我迅速打开盒子，看到自己的完整设计品时，我觉得非常奇特。因此，我想要是能快速成型实际产品就好了，那我该怎么做到呢？后来，我获得了设计培训的机会，对此我依据的想法是：我们会使用这一工艺创作出多种一次性物品，并在手工艺实践和工业生产之间找到一条途径予以实现。

莱昂内尔对于材料和制作的关系有许多有趣而略微不同的观点。他认为：

▬ 你把形态创作和形态制作几乎独立来看。你必须对工艺和材料有一定的了解，以便根据所使用的工艺进行最有效的利用——特别是习惯使用金属的人，理解工艺相当重要，如果是塑料的话，就没那么重要了。但我认为你可以将这两者稍微区分来看，就好像你不能制作有形物体一样。使用金属对于设计师而言会更有满足感，因为金属才是"真正的"材料。

他接着说道，当今技术发展已经达到一定阶段。尽管能使用技术制造真实产品，但还是存在一些问题，比如："要用灯照亮一些作品，你不会去触摸灯具，灯只是悬挂在那里，看起来很漂亮，但任何处理塑料的行为都不是由灯光决定的。"他形容道："这只是暂时的限制，情况现已变得好多了。塑料本身及 SLS 分辨率都变好了，现今有了更多供选择的塑料材料。"

莱昂内尔·迪安，"Tuner 6"。© 莱昂内尔·迪安

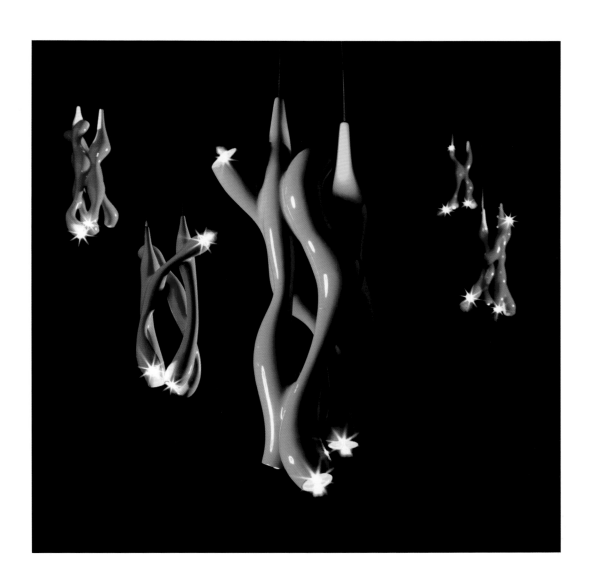

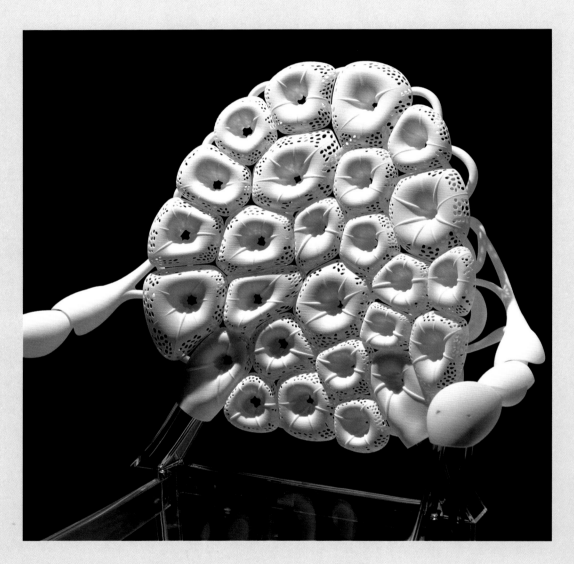

莱昂内尔·迪安，"圣灵"。© 莱昂内尔·迪安

莱昂内尔列举了用于SLS的铝粉材料（掺铝粉树脂），可以在网上的按需打印中心 Shapeways 买到。"这是一种相当漂亮的材料。我在制作珠宝时会使用到，会用它来磨光表面。该材料质量优良，是塑料本身所不具备的。"

许多设计师在创作数字算法生成的 3D 作品时，会使用自然形态做其灵感来源，但莱昂内尔与他们不同的一点在于，他的创作方式更为直接，只是在表面意义上与自然形态相结合。比如，他的精细作品"Blatella"，作为地板坠饰和壁灯使用，从表面上看是一群 3D 打印的昆虫。他说道："一群昆虫围着光源，被光芒所吸引，它们的身体被照亮、晶莹剔透，内部却满是污秽和肮脏。"莱昂内尔也将这些自然形态与椅子直接结合，比如 2010 年他制作的"圣灵"椅。

莱昂内尔清晰地说明了他所有的创新实践是如何 3D 打印的。然而，与本书中采访的多数设计师不同的是，莱昂内尔的大多数作品是由 iMaterialise 或 3TRPD 等 3D 服务平台打印。他每周在哈德斯菲尔德大学有两节教学课程，在那里他可以接触到 EOS Formiga P100 SLS 打印机。对这台打印机的使用丰富了他的实用知识及将制作物放在打印机上的实践经验，反过来，也让他更好地了解到将软件转录到实际构建时可能出现的问题。

莱昂内尔觉得，对机器的理解和了解为他在给服务平台发送制造文件时，提供了有利条件。他清楚地描述了服务平台从他开始使用到现在的发展情况。笔者在此处引用了莱昂纳尔对服务平台的看法，因为他是服务平台的长期用户，而本书中的其他采访者要么是自己打印，要么没有像莱昂内尔那样与第三方打印商有密切的联系：

———— 服务平台最初的文化是"我们会接受你的打印文件"，但他们不会进一步地讨论为什么有些部件不能运作——就是不能"运作"而已，没有原因。如果可能的话，他们可以帮你改进并收取一定的费用，因为这可以为他们带来额外收入——他们不仅仅是配有机器，如果你愿意的话，他们还可以帮你解决问题。一般来讲，服务平台不太愿意让你参与到打印工艺中。自此以后，我和有些服务平台之间建立起紧密联系，比如我和 3TRPD 进行了十分紧密的合作，这使我对工艺的理解以及打印的成品有了巨大的改变。

他与笔者分享了艺术节和设计师目前使用 3D 打印的情况以及他们的使用方法是如何在该技术的发展周期中得到反映：

——　　有时你可以直接看出一件物品是否是 3D 打印的，因为你无法想象该物品能使用其他什么方法制造出来，但如果物品看起来采用 3D 打印方法制作得不够好，那这件物品就不算成功。设计师和艺术家有一段"蜜月期"，那时他们要引起人们的注意只需使用 3D 打印技术即可，让人们不禁赞叹："哇，这个技术好棒！"我无意诋毁任何人，此处所说的也包括我的作品。但现在我们必须变得对技术更为精通，因为我们不能搭这一新技术的便车。我们必须有自己的辨识能力，这的确是一种优质的工艺，但你有发挥该工艺的最大效用吗？我想，材料落后于性能的现象在某一时刻就要发生改变了。

莱昂内尔的上述两个说法都证明了本书中不断出现的一个观点——3D 打印的最大限制源于材料属性和材质选项。在创作作品时，莱昂内尔使用了各种不同的软件包，因为一个软件包有所有必要的阶段。起初，他使用的是 Alias Studio tools 中的 NURBS Surface Modellers，因为他有着产品设计师的背景，但他也使用 Solid Modellers 以便获得合适的 STL 输出。此外，他还越来越多地使用 Polygon Modellers，"作为设计师，

我们以前觉得这一软件不太令人满意，但现在我们有点习惯使用该软件，因为它能带来更大的弹性"。

我们的讨论转向了莱昂内尔在使用软件的过程中遇到的问题。以下是本书的案例研究中对常见问题最为清楚的回答之一：

——　　我并不觉得软件公司在帮我们，他们反而试着在"引你上钩"。他们所谓的工作流程只是想告诉你这一行业的运作方式，但并不一定适合你的工艺。特别在混合实践中，你处于手工艺、艺术和设计的边缘，这些流程根本没有任何作用。如果你是一名工业设计师，想设计符合他们期待的各种产品，这一软件是有用的。但你似乎会花大量的时间寻找问题的"变通"方法，特别是需要软件和计算能力处理复杂的设计时。这样看起来，似乎一半的时间都在解决问题而不是进行设计工作。我觉得解决问题也是设计工艺的一部分，但你总觉得如果有无限的资源，这些就都不是问题了。

在考虑广泛使用 3D 打印会存在的障碍时，莱昂内尔觉得必须说明为什么该工艺不只是"即插即用"的，这是许多人首次接触 3D 打印技术之前就有的概念。比如，要完成

文件从概念转录成打印品的过程，就必须使用其他软件。你需要使用 Magics 软件对文件进行分类或修补，但别人可能使用该软件来修补 STLs 文件。目前，Magics 软件售价约为 3 000 英镑，每年还要交一定的商业许可租赁费。莱昂内尔认为这一价格只用于筛选 STLs 是很昂贵的。此外，他认为整个工艺也需要巨大的花费，制作成本很可能上涨，各方也意识到每次制作都会耗费大量的时间和材料成本：

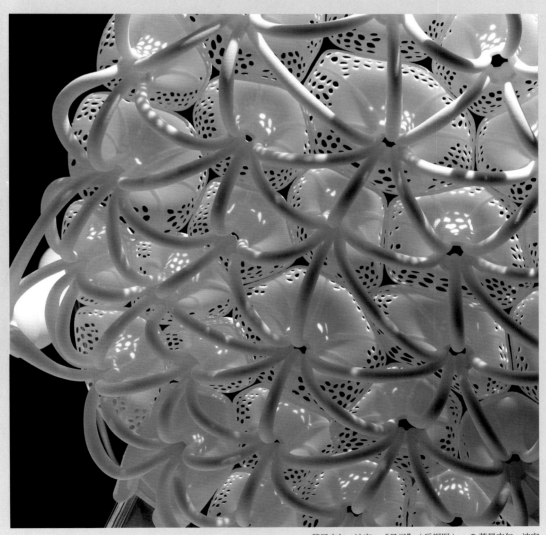

莱昂内尔·迪安，"圣灵"（后视图）。© 莱昂内尔·迪安

莱昂内尔·迪安，"小蠊"。© 莱昂内尔·迪安

最初和 iMaterialise 合作时，我认为这个做法非常棒。与一个大型服务平台合作，每天都能生产产品，我们只需不停地对产品进行完善，直到将其做好为止。但是，他们只在设计完全做好之后才会开始制作物体。这引起了我的注意。他们希望将作品放在商业中心，尽管商业中心有较大的容量，但空间问题仍会造成额外费用。现在我自己创作也会做出这样的考虑。如果我想制作一个物品，我必须保证设计的作品完全正确，然后使用 Z Corp 机器将其可视化。我发现，如果要制作一个花费 1 000 至 2 000 英镑的昂贵大型部件，我的第一次设计一定是正确的而且能够售出，只需要预先进行廉价的可视化处理即可。

在莱昂内尔看来，服务平台的打印结果取决于他们使用的参数，比如加快速度或改变分辨率等，以及你想从这些结果中获得什么。当然很大程度上还取决于你的设置。如果使用的材料是金属，那么如何设置文件就很重要了，因为清理成品所需的成本和时间都是巨大的。比如钛这种航天级别的材料，硬度非常大，但如果是塑料，设置文件就不

莱昂内尔·迪安，"小蠊"。© 莱昂内尔·迪安

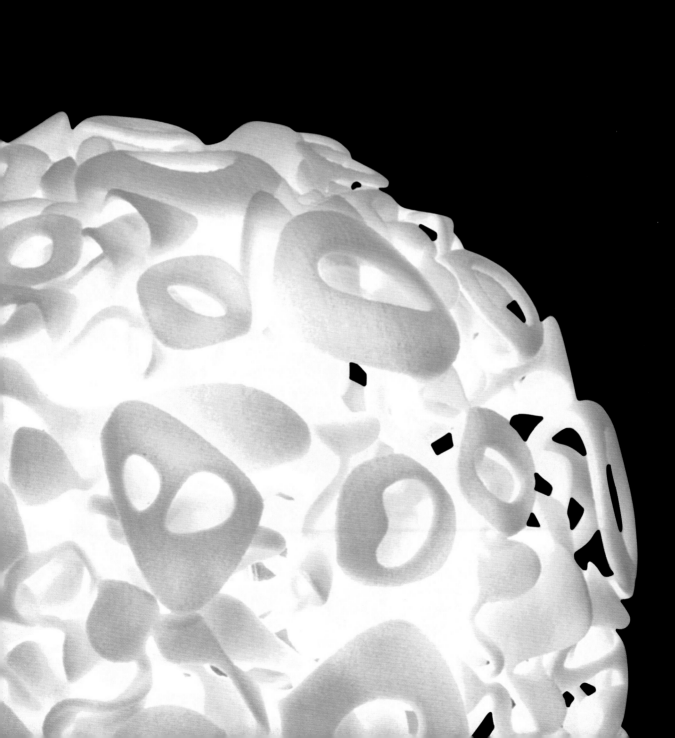

莱昂内尔·迪安，"Entropia"剖面图　　© 莱昂内尔·迪安那么重要了。他进一步阐明了与特定服务平台进行合作以及了解服务平台需求的重要性：

■■■ 事实确实如此，特别是早期 3D 打印金属时，最后加工有着相当大的不同，而且一些服务平台比另一些更善于处理精细的几何图形，但随着工艺的发展，我认为现在这些都不是问题。如果使用塑料的话，烧结工艺只有少许不同。如果我对某一工艺很熟悉，我的部件来自于使用不同工艺的其他服务平台，不用担心，这两个工艺实际上几乎是完全相同的。

莱昂内尔以自己对服务平台和金属打印的看法结束了交谈。对于金属打印，他既使用了 EOS 系统的直接金属激光烧结（DMLS）机器，也使用了由 MTT 制造、现属于 Renishaw 的打印机。在莱昂内尔看来，EOS 比 MTT 发展更为迅速。他觉得 Renishaw 收购 MTT 后，情况会有趣起来，因为 Renishaw 有 MTT 没有的支持和资源。

笔者想知道，作为一名设计师，莱昂内尔是否觉得自己已抛弃了传统技巧，转而完全使用 3D 打印：

■■■ 是的，我已经不再绘图了。我以前教过绘图课，但现在已经根本不绘

图了，因为如果绘制好草图，然后再转换到屏幕上，根本没有任何意义，还不如在屏幕上直接开始工作。在设计过程中，我会草草记录一些想法，这样我能记住并试着将自己的想法组织起来，而不是完全像之前想的那样设计形态。我现在仍然在教本科生绘图课程，并且鼓励他们每天都要有绘图实践，这样的鼓励让我感到很不安。制作模型也是如此。我会清理模型，但不会使用本应该使用的方法进行。我以前还会做许多陶器，但我现在已经不做了。如果不能一直实践的话，制作陶器的技巧也会丢失。

莱昂内尔对触觉装置的优缺点有清晰的看法。触觉装置帮助解决了 3D 技术在使用鼠标雕刻物体时触觉和感觉的丢失，试图创建直观软件。然而，莱昂内尔认为触感装置无法解决问题：

■■■ 触感装置无法解决问题，因为你必须先学习该软件，这是必经的困难，这就像在说："艺术家，你无法理解技术，而且由于你不会处理软件，我们创造了这个装置帮你找到应对的方法。"我们会处理软件，我们不太需要这种装置。即使有些地方需要，但

它绝不会成为创作形态的主要方法。触感装置就像一个附加工具，如果你面前有个实体模型，构造不是问题，你可以取一些填充剂物或黏土用拇指使其平滑。但这种小幅运动，很难在 3D 制作中实现。但如果你想使用触感装置从头开始进行建模是很困难的，因为根本没有参照物可用。

就 3D 打印技术的未来而言，莱昂内尔认为该技术会变得非常普遍：

—— 我们可以看看使用 Photoshop 的 2D 设计以及打印的可用性——我们打印的都是文件。在我年轻时，有一本印刷册很重要。你必须把文件发送到打印机，而现在却可以直接在桌上打印。我认为，以后我们都会有自己的 3D 打印机，但是对于一些高端的打印品，还是要交给服务平台，不然，你就必须一直关注该技术的最新动态。当然，技术发展到中期的时候，你在家会有越来越多的打印机，但服务平台永远有比你更为高端的打印机，因此，我们可以自行打印物品，可以去 Shapeways 或其他商业服务平台，有三种不同水平的打印供选择。

我确信，到时候许多人都会有家用打印机，但都只是当成玩物使用。我在想，如果你家的某一模型突然破裂了，你会不会立刻打印一个备件呢，可能最终会吧。

他以评论学生使用技术的动机结束了本次访谈。学生使用该技术仅仅因为它是一项新技术。

—— 就艺术和设计实践而言，3D 打印的发展速度是惊人的。有了两张台式铣床、一台激光切割机，学生们现已无法使用带锯机切割物了。他们会排队使用激光切割机，因为切割后的产品更为匀称，即使很多时候，他们要切割的只是直角而已，就像使用锤子把坚果砸碎一样。

彼得·沃尔特斯博士

彼得·沃尔特斯博士目前在布里斯托尔西英格兰大学的精细打印研究中心（CFPR）工作。他在谢菲尔德市受过培训，并从事过工业设计师的工作，这些让他对视觉艺术中的技术有了坚实的基础和较深的理解。在攻读博士学位之前，彼得在一家名为"高级产品开发中心"的设计咨询机构工作，该机构是谢菲尔德哈勒姆大学的一部分。从彼得的角度来看，工业设计是很重要的，因为它将形态和功能结合在一起作为一门创新性学科，将视觉艺术的视觉敏感性与技术紧密结合。作为一名工业设计师，彼得掌握了将 3D 打印作为工具和媒介使用的必要技巧，并学习了计算机辅助设计 (CAD)，因此，他也学会了使用 CAM、激光切割以及 3D 打印技术，因为这些都属于行业工具。

在过去的五年里，彼得在视觉艺术领域做着研究人员的工作，这样的工作让他能在一个范围更大的创新性学科中继续使用设计技巧和敏感性。

彼得将自己的个人实践界定为"创新性使用技术"。他总是被制品、制作机器以及那些在技术上可以制作出的物品所吸引。彼得试图在他的实践中表现这一点。他说道：

——— 我也喜欢跟其他学科的人员一起工作，去创作一些只有通过合作才能产生的物品。比如，如果某一实践只局限于单一学科，该物品就不能制成。因此，我与不同领域的人和物合作，他们从美术家到工程师及机器人都有。

在最近的一个项目里，彼得与艺术家凯蒂·戴维斯合作一个雕塑作品，以探讨数据如何从一种媒介转译到另一种媒介。彼得和凯蒂制作了一幅 3D 图形，使用的数据与脉冲星（快速旋转的恒星）中的放射光束相一致，该图形是 3D 打印雕塑的基础。脉冲星雕塑"帆船"在马萨诸塞州波士顿市一个名为"混合信号"的展览中展出，该展览由"波士顿网络艺术"策划。

彼得·沃尔特斯，"球体扬声器"，蜡制，
2008 年。© 彼得·沃尔特斯

在第二个项目里，彼得一直在研究适合智能"人造肌肉"的材料和3D打印的应用软件，以便用于创作触须状结构。触须结构是利用 Objet Geometries 3D 打印机采用柔性橡胶类材料打印。这些结构中包含许多内部空洞，可向其中加入形状记忆合金肌肉。被电流刺激时，人造肌肉收缩，使得触须结构移动得栩栩如生。在与木偶设计师兼机器人专家大卫·麦戈兰合作的过程中，彼得创作了触须状活动结构和一个弹性控制器，使得触须能"像木偶一样被操纵"。

1999年，彼得第一次使用3D打印技术，当时他还是谢菲尔德哈勒姆大学的本科生，在最后一年的项目中，他设计了挂衣钩，保证洗衣机中的袜子成对存在。他使用立体平版印刷技术制作了一个原型，后来又被喷上油漆，看起来就像真实的产品。彼得是谢菲尔德哈勒姆大学第一个使用3D打印的学生之一。当时3D Systems的立体平版印刷机位于罗瑟勒姆市的地区发展机构。

彼得现在的所有作品几乎都是3D打印的。他说道："我非常幸运能使用一流的设备，这意味着我能掌握3D打印技术，并理解3D打印这一工艺，同时，可供使用的材料范围也很大。"他之所以使用3D打印技术，是因为与手工制作相比，该技术相对快速、简单，而且可以制作出其他方法无法制作的物品。彼得说他已经不再重视制作不可能形态的新

奇感了，这是多数人都会经历的一个自然阶段。比如，随处可见的克莱因瓶子。3D打印工艺让彼得能创作一些功能性部件，比如，制作一些尽管可能制出，却极难制作或需要复杂得多的模腔模具。然而，这些物品采用柔性材料进行3D打印就能在几小时内制作出来，因此，他能使用设计进行快速试验，并做必要的修改以便让装备运作起来。

彼得在回答他是否将3D打印和其他工艺相结合时，说道：

有时，我会直接使用3D打印技术，但在其他时候，需要或想要将设计转换成其他材料时，我也会使用3D打印制作模具，比如浇铸硅胶，因为某一设计需要具备硅胶属性，但这一属性从3D打印材料中获得。

彼得会根据现有的不同任务使用不同的软件。1993年，他学会了如何使用AutoCAD Release 12进行3D建模，自此以后他开始使用各种CAD软件，包括Rhino、Pro-engineer以及SolidWorks等。现在他最爱使用Rhino软件，因为他已经使用许多年了，可以把它当成素描簿来使用了。对物体建模可以很快速，但也有一定的局限性，因此，他有时候必须在不同的软件之间进行转换——比如，要去掉部件的外壳，他

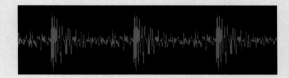

1

2

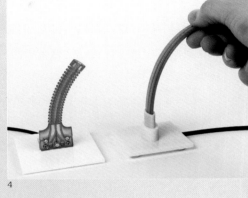

3

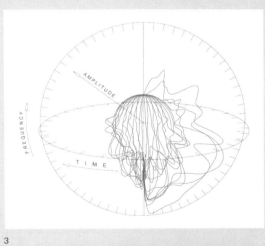

4

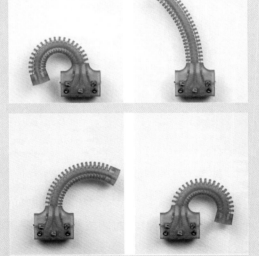

5

1、2 、3凯蒂·戴维斯和彼得·沃尔特斯，"帆船座脉冲"，2010年。© 彼得·沃
尔特斯
4. 彼得·沃尔特斯，"带有弹性传感器的智能触须"。© 彼得·沃尔特斯
5. 彼得·沃尔特斯，"智能触须"，2012年。© 彼得·沃尔特斯

可能要从 Rhino 转向使用 SolidWorks 以便创建壁厚。然而，值得一提的是，在项目的早期，在 CAD 中建模之前，彼得仍然会使用铅笔、纸和塑料土来获得第一想法。

就使用的软件而言，彼得说道：

▬▬ 大多数时候，我会使用 Objet 软件，因为部件质量优良和材料种类较多。我尤其喜欢 Tango 中的橡胶类材料，这些让我能使用软机器人技术进行研究和创新性实践。我也喜欢使用 Z Corp 软件进行多色打印，经常把部件送到 iMaterialise 服务平台使用激光烧结尼龙（参见脉冲星插图）制作，可保证物品有一定的强度和优良的表面光洁度。我们的工作室里有 Objet、Z Corp 和 Rapman 打印机，我可以用来转换印染浆，包括陶瓷和食品等。

与多数人提到学习软件的困难相反的是，彼得对此的看法略微不同。他说他比较感兴趣的是，为什么越来越多的人不愿意学习软件！事实上，学习软件没有人们想象的那么难，与人体素描或学钢琴相比，软件还是"简单"的。彼得接着说道，从他的经验来看，学习软件的前一两周可能是困难的，学习曲线很陡峭，但这段时间之后，就会变得容易

起来，界面和工具对经验丰富的用户而言只是第二天性。

根据彼得的观点，笔者想知道这种不愿学习软件的思想是否类似于多数人学习数学的想法——对困难的认知源于恐惧而不是事实。笔者还想知道技术的使用者是否已不再使用传统工艺技巧，或 3D 打印是否已不再有其工艺敏感性？彼得对此的观点是：

▬▬ 首先，3D 打印无法取代传统工具、材料和技术的幅度和广度，这些传统工艺技巧仍然在艺术家、设计师、工程师和 Maker 中广泛使用。3D 打印不是一种单一工艺，而是提供了许多有吸引力的材料和制造技术。但这些材料和技术优势无法取代传统工具和技术。目前，3D 打印作为可行的制造工艺受到高成本、一次性和小批量生产的限制，比如制作珠宝和牙科用品等。3D 打印只有作为原型工具供创新型艺术家、设计师和工程师使用时，才能体现其价值。该打印技术让设计想法在物质世界中得到试验，设计师能快速实现想法，并在创新型工艺的早期发现并解决问题。

目前，3D 打印的局限性在于——特别是中低成本的机器——可得到的材料选择。当人

们将 3D 打印材料与能在家里找到的丰富的日常材料以及这些材料的审美和功能一致性相比时，会发现 3D 打印还有很长的路要走。因此，3D 打印未来的发展重点在于开发一些更广泛、更具吸引力的材料。但这并非易事。3D 打印的制造技术，如喷墨、粉末沉积、激光熔融等等极大地限制了可供使用的材料范围。

然而，如果我们考虑从出现到将来（比如自 1984 年第一台打印机出现到未来的 20 至 30 年里）相对短暂的时间里，这些技术走了多远，我们会看到这些技术有着重大发展以及许多令人激动的时刻，3D 打印已经成了视觉艺术家、设计师以及工程师、医学技术专家，甚至是家庭用户和教育用户的一种媒介。

尽管这三个案例的研究对象都是设计师，但他们对 3D 打印工艺的评论以及对技术的使用方法都不尽相同。阿萨·阿叔奇可能最关注的是将设计美学转录到 3D 打印以及这一转录对未来的影响。莱昂内尔关注技术的使用及从视觉术语看待技术理论在字面和比喻上的含义，而彼得·沃尔特斯利用工业设计敏感性来解决问题以延伸一种研究哲学。

1

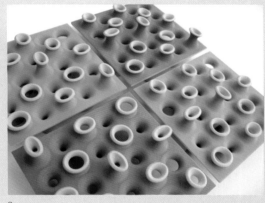

2

1. 彼得·沃尔特斯，3D 打印咖啡杯和大口杯。© 彼得·沃尔特斯
2. 彼得·沃尔特斯，3D 打印部件，2008 年。© 彼得·沃尔特斯

1 3D 打印新闻（2012），"快速原型让汽车零部件处于领先地位"，www.3dprintingnews.co.uk，2012 年 7 月 23 日。
2 塔尼娅·韦弗（2012），"3D 打印让克拉克鞋业加速发展"，Develop 3D 博客 www.develop3d.com，2012 年 2 月 1 日。
3 3D 打印新闻（2012），

"3D 打印灯光会成为下一个受儿童欢迎的玩具吗？"www.3dprintingnews.co.uk，2012 年 12 月 5 日。
4 布拉姆·格南（2010），"布拉姆·格南的 3D 打印家具"，Freedom of Creation 设计室，www.freedomofcreation.com，2010 年 7 月 14 日。

5 罗森·克兰茨（2012），Nervous System，www.n-e-r-v-o-u-s.com，2012 年 11 月 26 日。
6 罗德·阿拉诸，"非手工制作，也非中国制造"，2000 年 4 月 6 日。not-made-by-hand/-not-made-in-china/1103974.article.http://www.designweek.co.uk/
7 加里·霍利（2012），"陶瓷

的新发展方向"，霍克豪斯大礼堂，维多利亚和艾伯特博物馆，伦敦，2012 年 1 月。
8 约翰逊·博德曼，P·莱德勒（2005），永恒的作品集，布里斯托尔：Impact 出版社，布里斯托尔。

6

3D 打印的公众形象及其在艺术层面的发展前景：动画家、黑客空间、极客及时装设计师

　　在过去两年里，3D 打印在公众视线里迅速增长。多数主流媒体的宣传报道都是关于这一新技术的颠覆性潜力。目前，公众普遍的观念是在不远的将来，只要轻触按钮，任何人都能在舒适的家里打印出任何物品，从已破碎的部件到功能全面的手枪，都能打印出来[1]。这显然是不可能的，但在本章中我们将论述公众的这种观念将如何影响更为广泛的视觉艺术。最简单的方法就是观察那些最受人们欢迎的创新性艺术。

三位视觉艺术候选人明显有着广泛的号召力。首次，我们来看看时装产业，一个高调使用 3D 打印的群体，通过主流媒体和时装秀获得了大量公众的关注。其次是动画产业——特别是高预算的主流定格动画。再次，我们要提到某些 3D 打印群体，他们的快速发展源于现成的低成本机器和全球社交网络以及互联网社区的结合。所有这些结合在一起让人们对视觉艺术和 3D 打印的看法有了较大影响。

要将本章放在上下文中，并明确说明一些常见的误解，笔者先仔细考虑了当代文学中吸引了大量公众的 3D 打印案例，并引用一些大众媒体报道的案例。在考虑了公众对于视觉艺术中使用 3D 打印的看法后，我们还需要探讨该技术未来的发展。要对未来做出一定的预测，我们必须从目前发生的与视觉艺术相关的尖端案例研究出发。

首先是公众认知。在过去几年里，公共领域中有几本小说记录了 3D 打印机的发展和影响，特别是科利·多克托罗的 *Maker*[2] 以及布鲁斯·斯特林的《书报亭》。[3] 尽管斯特林的《书报亭》展现的是一种反乌托邦的未来，但与其他文学作品相比，该书展现了一个明显的事实和优势：它展现的 3D 打印是完全黑色的。不仅前景暗淡，连 3D 打印的物质表现形式也是纯黑色的。斯特林给我们展示了"亨利·福特"式的未来——改写一下就是，只要它是黑暗的，你就可以得到你想要的所有东西——但在这种情况下要使用黑色的碳纳米管材料。笔者认为这与当前人们对于 3D 打印未来的发展非常类似。尽管非常明显地展示了 3D 打印的局限性，却以这些局限性为特点。比如，目前使用单一材料进行打印的能力。

　　Maker 介绍了"极客文化"的兴起，使用 3D 打印创作不受传统大企业模型影响的商业备选模型。尽管书中对备选模型进行了详细描述，而且大多数描述可能在近几年就会以某种形式出现，但该书也引出了一个问题。该问题与大众媒体报道的 3D 打印的形象一致，即期望这些新工艺能制作出所有物品，而且所有物品都可以"直接打印"出来。多克托罗在 *Maker* 中表示，他认为可以打印出一个完整的游乐场，所有功能性物品甚至是枪支都可以打印出来。此外，书中还假定所有的机器都易于操作和保养，只需一晚便能制作出所有东西！书中最有趣的是展览了商业贸易中的全新模型——这可能是对商业贸易运转最为恰当的描述。但事实是，这些 3D 打印工艺在实际情况下能真正制作的物品非常有限。基本上，他们制作了一圈液体或一层粉末，将其粘到上一层然后干燥。回到多克托罗在书中一直忽视的古老问题上，所有粘到上一层的物体从根本上讲，都是未加工的且材料单一。可能除了一些金属烧结工艺，我们要创作出真正有用的物品还有很长的路要走。目前制作的大多数物品在设计时都处于工艺的局限性之内。据笔者了解，目前还没有机器可以同时使用多种不同类型的材料，而且使用金属、玻璃、陶瓷和木材等日常材料无法打印出高质量的物品。从 3D 打印的角度来说，"圣杯"能使用多种材料同时打印，因为只有极少数传统制作的物品是使用单一材料制作的。目前最近的是 Connex 机器，可以同时使用硬性和软性光敏材料，但这种材料及其美学特质都无法使该技术变得普及起来。

　　主流媒体也有类似的问题，他们在报道中总是追随别人。在过去两年里，主流媒体和电视对 3D 打印进行了大量的报道，包括《星期日泰晤士报》[4]、《经济学家》[5]、《卫报》[6]、《福布斯杂志》[7] 等报纸杂志，以及"新闻之夜"[8]、QI[9] 和"新闻问答"[10] 等电视节目。但是，大

EADS，"空气自行车"白色尼龙自行车，2011 年，完全由激光烧结尼龙打印。© EADS

部分报道都源于一个相当简单的观点——事实上，所有物品都可以进行 3D 打印。

但是，一些有用的实例也获得了大范围报道：

● 国际航空航天和研究公司 EADS 因其打印的自行车获得了大量报道。[11] 该自行车的优点在于它是一个真实的物体。公司在制作时目的很明确：创作出一件完全打印的物品，且具备自行车的功能、能够当成自行车使用。EADS 明确表示，这只是一个研究作品，尽管该自行车可以使用，但是看起来不太舒适，甚至骑行的距离不太可能超过几米，而且也不能把它误当作生产机器之类的东西。

● 其他媒体大都关注一些低成本的打印机，比如 RepRap 和 MakerBot 等。此处媒体倾向于报道关于 3D 打印技术未来的虚拟预测。许多艺术家预测未来每家每户都会有一台 3D 打印机，人们只要轻触按钮，就能打印出他们想要的任何物品。笔者认为这并不可能实现，主要是因为使用多种材料打印的需求无法实现。即使能使用多种材料打印，使用家用打印机也需要在家储存大量不同的材料。

时装

然而，在更为宽泛的视觉艺术环境中，有些领域真正开始受到 3D 打印的影响。笔者认为可以在本章中介绍时装设计师，但他们将 3D 打印技术推向了另一个更为有趣的新领域。比如，以艾里斯·范·荷本的作品为例，他的作品令人赞叹，代表了为创作功能性可穿的衣服而打破了技术界线的新作品方向。美国《时代》杂志将艾里斯·范·荷本的 3D 打印服装称为"2011 年 50 个最佳发明"之一。范·荷本住在阿姆斯特丹，在亚历山大·麦克奎恩指导下学习。她的 3D 打印作品是与比利时 3D 打印服务平台 iMaterialise 合作完成。在最近接受 Wired 杂志采访时，她说道："3D 打印让我从一切物质局限中摆脱出来。突然间，所有复杂结构都能制作出来，而且比手工制作得更为精细。"

Lady Gaga 和 Björk 都是她最近工作的客户。为了她最近的作品集"混合整体"，她制作了 9 个 3D 打印的部件，使用了塑料、橡胶和金属等材料制造。第一次在巴黎举行时装展时，范·荷本与建筑师丹尼尔·威德里格合作，并使用快速原型技术创作了 3D 打印作品"逃避现实时装"（Escapism Couture），使用尼龙聚酰胺材料打印。但是范·荷本认为时装应该是艺术的一种表现形式，而不仅仅是创新型新技术的表现，因此，她将手工作品与 3D 打印相结合。[12]

很容易理解为什么做定制服装的时装设计师会使用 3D 打印技术。我们来看看来自

MIT 媒体实验室的内里·奥克斯曼，她主要制作可穿物品，其作品会让我们去想象未来可能会穿的衣物。在第 5 章笔者已经提到过内里·奥克斯曼。奥克斯曼是索尼公司职业发展教授及 MIT 实验室媒体艺术与科学助理教授。她成立并指导"介导物质"研究小组。随着技术成为交叉学科，人们也开始掌握跨学科领域的知识。奥克斯曼就是一个典型的例子：她既是备受尊敬的建筑师兼设计师，还是服装设计师。最近她创作了"虚构生命体：那些不存在的神话"，在蓬皮杜艺术中心进行展览。在此之前，奥克斯曼和她的团队正根据人体组织制作着一系列的身体盔甲。在 MIT 网站上描述项目中的"腕骨皮肤"时，奥克斯曼说道：[13]"'腕骨皮肤'是防护手套的原型，可以使人免受腕骨综合征的侵害。腕骨综合征是一种医疗状况，手腕处的正中神经被压缩，可能导致麻痹、肌肉萎缩和手无力等。"

在基于网络的杂志《大众科学》中，奥克斯曼在一篇文章中详细阐述了处于该项目核心的反应扩散系统："大多数模型——不论是鳞状还是蜘蛛网状——从本质上讲都有一定的逻辑性，都可以进行计算机建模。"文章中还解释道，为了制作盔甲，奥克斯曼和她的同事克雷格·卡特根据反应扩散系统制作了方程式，进而创建了位图。接着，奥克斯曼将这些位图注入打印机（Objet Connex 打印机）以构建功能梯度材料（FGMs）。这些材料与多数材质均匀、硬度不变的人工材料正好相反，内部的弹性各不相同。由于创建盔甲的图层精细，她的作品和我们毛孔的功能一样多："我们的皮肤组织与 FGMs 较为相似：我们面部的毛孔较大可起到过滤的作用，我们背部的毛孔较小可形成保护屏障。"[14]

同样的，著名服装设计师侯赛因·卡拉扬——其作品也是致敬亚历山大·麦克奎恩——使用 3D 打印作为跨领域装置艺术的一部分。"我很悲伤，雷拉"是卡拉扬于 2011 年在伦敦的里森画廊装置的作品。在与里森画廊展览负责人格雷格·希尔蒂的视频采访中，卡拉扬解释道，他采用激光烧结尼龙使用 3D 打印制作了一个白色女性人物，该女性穿着自己的衣服。他将一名正在演唱土耳其歌曲的歌手投影到衣服上。该装置艺术就是以此为基础创作而成。[15]

动画

定格动画与时装属于完全不同的领域。定格动画是动画产业中采用 3D 技术的领域，3D 技术很快便成了制作定格动画工具箱中的重要组成部分。高预算的主流定格动画公司有资源，也有必要投资高质量的 3D 打印。由于受到经济驱动，公司需要在降低成本的同时，加快生产时间，应对同时运行多个电影固定表演的数学逻辑问题。公司的最初驱动力可能来自经济层面：使用 3D 打印单个部件比雇用他人进行手工雕刻要便宜。但笔者认为，我们将逐渐看到一种与传统手工橡皮泥有着不同敏感性的创建动画新工具，这种工具也将慢慢形成自己的风格。

毫无疑问，3D 打印对定格动画产生了重要影响，定格动画也逐渐发展成为创新性艺术的重要领域。动画师对该技术的运用也逐渐从最简单的机器转向了复杂机器。大型专题动画工作室意识到 3D 打印角色（木偶）部件不仅有优势——减少生产成本、加快动画制作进程——而且还提供创新的可能，让工作室有更大的创新自由。比如，他们可以制作出更多嘴型，让角色有更丰富的表情。第一家使用 3D 打印制作出故事片的公司是"LAIKA 快速成型"，来自亨利·塞利克的《鬼妈妈》，于 2009 年上映。LAIKA 开发了一种技术，首先使用黏土制作模型，接着将其扫描到 Maya（用于 3D 动画渲染的工业标准软件）中，然后重新建模用于 3D 打印，同时尽可能保证在扫描中捕捉手工制作的细节。打印模型使用的是 Objet Geometrics 打印机，打印之后再进行清理处理。然而，这只是工艺的开始；打印 3D 模型需要能输出成 STL 的文件格式，然后打印成固体模型。此处引用了计算机绘图（CG）杂志一篇文章

中的话，该段话详细描述了电影制作中包含的工艺：

为电影《鬼妈妈》雇用的 CG 建模人员预期他们的工作将或多或少与传统工艺相关，却发现他们还需要针对这部电影重新接受培训。尽管你看不到，但每张脸背后都是精心制作的配准系统和自定义眼球力学。此处并没有创建模型进行数字渲染，而是使用 3D 打印这个渲染过程，因此需要考虑新标准。皮肤必须有一定的厚度，而不仅仅是一个数字外壳。建模的牙齿可以通过卡洛琳后脑勺装入或脱离。卡洛琳的嘴内部包括悬雍垂、舌头以及舌头下面的空间，如果通过传统方法雕刻是非常费时的。每张脸上都有这些细节设计，即使用肉眼看不见。为了获得更多表情，人物的面部都通过 3D 打印建模和输出，并在鼻梁处分为上下两半，产生 207 336 个可能的面部位置以便进行极其微妙的动画设计。LAIKA 估计，如果没有 CG 和 3D 打印机工艺，这一动画需要 10 个雕刻家花四年的时间才能完成。[16]

尽管 3D 打印可以极大地加快动画制作过程，但也会带来额外的问题。从上述文章可以看出两点：第一，创作的所有动画在拍摄后必须进行正确的数字化，以便去除面部的连接线——该例中是去除鼻梁处的线条。

"海盗！和科学家一起冒险。"© 阿德曼动画

第二，有一个逻辑问题：跟踪了成千上万的打印部件，最后可能只需要创作几秒钟的动画。自此以后，LAIKA 又上映了第二部未删节的 3D 打印故事片《通灵男孩诺曼》（2012年 10 月上映）。有趣的是，这部电影是在 Z Corp 650 全彩打印机上打印的，使用的是石膏材料。LAIKA 将所有部件都使用标准 Z Corp 材料打印，然后使用 Zbond 氰基丙烯酸树脂将其硬化。

对于一个见多识广的 3D 打印用户，Z Corp 工艺的分辨率低，打印部件更易碎，而且表面质量也较差。但 Z Corp 给动画师提供了三大优势。首先是成本。比如，总的来说，材料价格比较便宜。但是，另外两个优势对视觉艺术家更具吸引力：彩色打印和有纹理的表面修饰。Z Corp 可以进行彩色打印，但与我们常用的现代 2D 喷墨打印相比，Z Corp 打印的颜色范围（色域）是受限制的。LAIKA 将这一点变成了自己的优势，并使用颜色来创建一种特定的艺术效果。动画师可使用任何想要的颜色创建对现实的感知——不需要是真的，看起来是真的即可。

接着，我们谈谈第三点或最后一点：Z Corp 模型的表面加工。在近处观看时，模型表面有一种可称为"毛茸茸的"纹理。LAIKA 动画师再次充分利用这一点，将这种纹理应用在整个动画中，以创造一种特别的原始印象。这种细微的纹理表面和感觉使人

物的外观看起来并不像是由光滑塑料制成。Objet 和 Envision Tech 打印的这种模型运用于 LAIKA 的《鬼妈妈》以及阿德曼的《海盗！》中。这两部电影有时候看起来介于定格动画和计算机绘图之间，笔者认为它们丢失了使用塑料土手工制作的属性。LAIKA 的这种新风格让人想到了更为柔软、更便于观众欣赏的外观。

现在，3D 打印成了定格动画中的固定设备，出现廉价的 FDM 打印机制作的高质量动画短片只是时间问题了——这与 1974 年鲍勃·戈弗雷使用记号笔绘制 "Roobarb"，[17] 变革传统模拟单元动画的方式是一样的。现已有使用 MakerBot 制作的短小 Youtube 视频 "The Right Heart"。尽管只有一些部件使用 MakerBot 制作，并放在一起进行快速摄影，但仍然获得了广泛的报道。[18]

阿德曼动画带着彼得·洛德和杰夫·纽维特导演的《海盗！》（2012 年 3 月上映）走进了 3D 打印故事片的世界。《海盗！》中的人偶都是使用 Envision Tech 打印机打印。阿德曼在拍摄的过程中使用了三台这种机器，制作了约 500 000 个部件。阿德曼选择 Envision Tech 的原因是它能使用肉色材料进行打印，可以减少必要的着色处理以便生成随时准备上镜的部件。阿德曼动画还使用 3D 打印制作了"点"，这是世界上最小的 3D 动画角色，只有九毫米高。这部影片

是为了推销 Nokia N8 手机及手机显微镜。这是一种诊断级别的显微镜，由伯克利市加利福尼亚大学的丹尼尔·弗莱彻发明，这一发明将手机转换成了显微镜。[19]"点"中的人物也是在 Envision Tech 上打印，然后手工涂色的。但在这种情况下不可能创作出表达清晰的或是有可装卸部件的人物，因此，每个动画的运动都需要一个完整的打印人物。"点"的视频可以在 YouTube 上找到。[20]

开源硬件社区

在本书的前几章，已提到低成本 3D 打印机的发展，特别是在第 3 章中，我们看到了 3D 打印陶瓷的制作，使用挤压系统制作数字陶器。列举的实践者例子包括 Unfold，乔纳森·基普以及彼得·沃尔特斯。为了证明低成本打印机对视觉艺术的影响，我们必须先了解低成本 3D 打印机是如何出现以及如何获得来自全球的大量粉丝的。笔者认为在过去几年里，有三大互利因素促成了这些事件的发生。

第一，巴斯大学的艾德里安·鲍耶博士发明的 RepRap 项目。鲍耶博士最初只是想证明自我复制机器可以自动制造部件这一观念，结果却出现了以 Stratasys 开发的 FDM 技术为基础的廉价开源 3D 打印机，可以供所有人使用，而且该打印机的使用方法可以免费下载。自此以后，RepRap 被世界范围内的人们接受、修改和改进。至 2012 年 7 月，共有 53 种不同版本的 RepRap 或受 RepRap 启发的机器可供使用。随着 3D 市场的扩大以及人们可以在大众媒体或网络上获得的 3D 打印知识越来越多，导致这些低成本的机器处于不断扩增的状态。最近进入该市场的两台 3D 打印机依据的概念与 RepRap FDM 技术完全不同。[21] "Form 1" 是使用原始立体平版印刷技术的光敏系统，而 Rostock[22] 尽管是以 FDM 技术为基础，但采用的是与直线的 XYZ 平台完全不同的三角形 DELTA 机器人平台设计，Rostock 可能有更快的制作速度，因为可以构建水平和垂直的墙体。

导致低成本 3D 打印机激增的第二个因素是引进了价格实惠的激光切割技术。许多廉价的二氧化碳激光切割机被开发，用于纺织服装业等商业使用，可以快速轻易地切割和试验模型。这一技术以前由艺术团队使用，现在成了一项极为平常的技术。激光切割技术是新用户和数字材料制造技术之间的桥梁，比 CNC 铣床技术还要普遍，而且更便于用户使用。

因此，用户在开始使用低成本的 3D 打印机之前，已经意识到使用这类技术的优势所在。

第三个因素是微观装备实验室（FabLabs）

的发展。MIT 最初设立 FabLabs 是为贫困地区考虑，目的是让那些群体有机会接触新技术，这明显与 MIT 的初衷大不相同。FabLab 必须满足既定的要求，并具备以下设备：

- 激光切割机，从 2D 部件压装成 3D 结构。
- 大型（4 × 8 英寸）数控机床，用于制作家具或房屋大小的部件。
- 记号切刀，用于生产打印面具、柔性电路和天线。
- 铣床，用于制作三维模具和表面贴装的电路板。
- 用于低成本、高速度嵌入式处理器的编程工具。[23]

2001 年在波士顿设立了第一个 FabLab 后，FabLab 开始迅速兴起。在笔者编著此书时（2012 年 11 月），全球已有 90 个这样的实验室，预计明年还会开设更多。Fab Labs 应该与其他 Maker 群体放在一起，比如"Maker 社区"、黑客空间、多克博特（Dorkbots）以及科技商店（TechShops）。TechShop 是美国的开源社区作坊设备，其成员可以依据商业原则付费使用 TechShop 资源。全球也有许多为电子爱好者（极客）提供的 Dork bot 社区，这些"极客"因为参与合作性公开项目而聚集在一起，只为享受制作新物品带来的乐趣。这些活动的广度和规模及其带来的骚动可以从圣地亚哥最近的"Maker Faire"看出。在过去的三天里，该

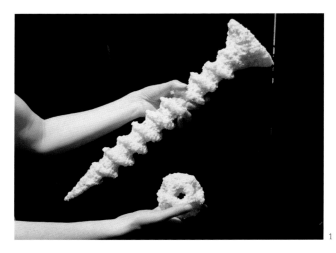

1、2 CandyFab，来自疯狂科学实验室的 3D 糖果打印机，2009 年。

© 疯狂科学实验室

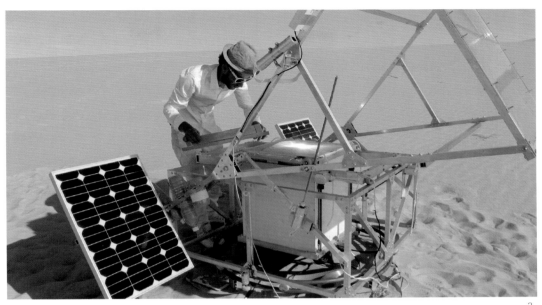

3. 马库斯·凯塞，太阳能烧结打印机。© 马库斯·凯塞工作室

4. 马库斯·凯塞，太阳能烧结花盆。© 马库斯·凯塞工作室

活动的参加人数已达到 120 000，而这种定期举行的活动在全球范围内有很多。

从这些被 3D 打印吸引的人可以看出，开源软件社区出现了新气象——最常被引用的例子是 Linux 开源操作系统的发明。[24] 一个新的开源硬件社区设立起来，通过网络和面对面的方式，在当地和全球会议中进行信息交流合作与发展。这些群体没有中心角色或传统框架。对外人而言，很难想象它与视觉艺术未来发展方向之间确切而清晰的关系。但是，可以在此举例预测未来的发展方向：

● 笔者最喜欢的案例是 CandyFab，主要使用一种令人愉快的糖果打印机，使用高温熔化结晶糖，其打印成果可以在网站 www. candyfab.org 上找到。[25] 这种打印机的最新版本自 2009 年起就已出现在他们的网站上。你还可以找到早期的网络视频，展示的是在热熔性焦糖中打印巨型螺丝钉糖果的过程。[26] 3D 制糖工艺可以有无限可能，而且短暂而有趣。

● 展现开源 3D maker 文化的另一个例子是马库斯·凯塞的作品——太阳能烧结 3D 打印机。[27] 凯塞是皇家艺术学院（RCA）设计系毕业生，他首先制作了一个用于埃及沙漠的 2D 太阳能激光切割机。接着，他又制作了 3D 沙土烧结打印机，以抑制太阳光线烧结（熔化）沙土——这与 EOS 或 Renishaw MTT 等激光烧结金属 3D 打印机的方法类似。

● 比利时设计团队"Unfold"[28] 对该技术发展做出的贡献也引人注目。他们使用步进电机、螺旋钻以及塑料注射器代替熔融塑料，让比利时人使用陶瓷材料进行打印，而且还取得了非常显著的成果。他们也非常愿意在"知识共享"等开放论坛上展示其成果。

● 最初的 RepRap 项目组在开发多彩 FDM 打印机方面取得了巨大进步。为了开发这种机器，他们使用多个喷头注入加热器具，让单独的颜色混合在单个加热的打印头上，然后沉积热熔彩色塑料。

功能性彩色部件将使 3D 打印对未来更广泛社会的影响取得"圣杯"式的成就（Holy Grail achievements）。现今 Z Corp（3D Systems）Z650 将彩色打印提到了前所未有的高度。这一点从电影《通灵男孩诺曼》以及 Z Corp Z650 是唯一能打印四种颜色的打印机可以看出。该打印机的主要问题在于其使用的材料是石膏，即使浸渍在环氧树脂中也无法创建一个功能性部件。但公正一点来说，Z Corp 提到，他们只是将该工艺作为生产原型的工具。但 3D 彩打领域也有一些新发展，特别是引进了 Connex 系统多色材料之后，我们可以在内里·奥克斯曼的最新作品中看到这一点。其他例子还有 Mcor（参见第 2 章），使用切片的 3D 彩色图形开发了一个激光打印办公室复印纸的系统。所有这些都展现了 3D 彩打领域的快速变化与发展。

1. Unfold，"人工制品的
新历史"，用黏土打印复
杂结构的打印试验品之
一。© Unfold，2011

2. Denby 糖罐设计，使用
石膏材料Z Corp 3D 打印，
2011 年。©CFPR，西英格
兰大学，布里斯托尔。

6 3D 打印的公众形象及其在艺术层面的发展前景   171

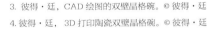

3. 彼得·廷，CAD 绘图的双壁晶格碗。© 彼得·廷
4. 彼得·廷，3D 打印陶瓷双壁晶格碗。© 彼得·廷

4

所有这些例子共同说明了一点：随着技术的发展，艺术家将这些技术推向了一些创新型领域。从目前的视觉艺术研究案例中也可以看到这一点。比如精细打印研究中心（CFPR）的作品。人们希望在机器上使用真实材料打印物体，而 CFPR 对 3D 打印的研究正是受到这一需求的影响，而且用于研究的打印机价格必须在学校给艺术系的预算范围之内。笔者所说的不仅是上述廉价打印机，还有 Z Corp、惠普、Objet 以及 Stratsys 等制造的价格中等（10 000 至 60 000 英镑）的机器。笔者在前面提到，使用金属、粉末合金及尼龙进行打印都是可能的，但是这些材料没有传统形成的金属和塑料所具备的属性和质量。CFPR 在英国艺术与人文研究理事会的资助下，初期行动是调查艺术家、手工艺者和设计师使用 3D 打印的潜力（这促使笔者撰写了这本书）。此外，CFPR 也做了大量的案例研究，并开始为许多艺术家打印作品。

我们相信陶瓷材料也可以用于打印。为了证明这一点，CFPR 团队开发了一种获得专利的 3D 可打印陶瓷粉末材料，可在 Z Corp 打印机上进行打印。[29] 陶瓷材料进一步的发展是 CFPR 与 Denby 陶瓷合作生产的完整陶瓷原型，而不是他们以前就能制作的石膏原型（参见第 3 章）。

与 CFPR 进行的许多其他研究项目相同

的是，为了检测项目的参数，我们还与一些艺术家和设计师合作，使用工艺创作一些定制的艺术品。彼得·廷是手工业协会发言人兼董事会成员。他为阿斯普雷及女王创作作品，还在海格洛夫庄园为查尔斯王子设计花木修剪形状。彼得热衷于设计只能用 3D 打印才能制作出的物品。他对工业铸造和陶瓷造型技术有着较深的理解，因此，特别喜欢生产不能使用传统技术制坯、浇铸或铸模的双壁镂空碗。最终的茶碗是使用素瓷创作，造型精美、色调柔和，掩盖了该作品的复杂性，初看上去不像是使用 3D 打印的，直到人们开始思考这一作品是如何创作的。

在考虑将笔者自身的实践纳入案例研究时，笔者想创作一个具备 15 世纪文艺复兴时期德鲁塔陶器花饰盘的所有属性。选择制作盘是因为其形状适合 3D 打印工艺，而且创作起来相当简单，在烧制时只需通过简单的支撑结构维持形状即可。然后采用标准白釉和"釉上"转移进行装饰，使其颜色和形状类似于 15 世纪的碗。笔者希望该作品被误认为是标准的日用陶瓷，但实际却是基于 15 世纪的设计、使用先进技术制作而成——这与试着创作一种不可能的物体是完全不同的想法。

在 3D 打印的背景下，如果没有对陶瓷材料和工艺的知识和理解，也就不会有上述这些发展。大卫在陶瓷工业有 30 年的经验，

是一名陶瓷工业公司经理兼陶器工程师。他把日常处理物质材料的隐性知识和经验带到了我们的研究之中。我们在 CFPR 专门从事实践主导和应用研究，在 3D 打印方面，我们在陶器上取得的成果也不仅限于材料发展。我们还会研究如何将新材料知识运用到传统工艺中以供终端用户使用。3D 打印陶瓷的本质在于，我们需将部件黏合在一起然后进行烧制。因此，为了保证部件在窑内也是结合的，就必须有物体进行支撑，这在使用传统材料时是不需要的。所以，只有了解材料的隐性知识，将过去的知识、创新性想法以及少许有关 3D 打印工艺的知识结合在一起，才能解决这些特定的问题。

为了更好地了解视觉艺术家和设计师使用低成本或桌面 3D 打印机的潜能，CFPR 改编了一台 Bits from Bytes RapMan 打印机，给其装上压头和螺旋钻以精细打印印花浆和黏性液体。

彼得·沃尔特斯使用这台机器打印了许多不同类型的材料，包括糖粉、巧克力、黏土、生粉和可食用面糊等。彼得还与艺术家黛比·萨瑟兰以及大卫·赫森合作，共同生产了糖牙和花边煎饼。

彼得和 CFPR 一起生产的最受关注的 3D 打印物品可能就是"一肉两菜"。为了完成这个作品，他们将肝饼与豌豆泥和土豆泥放在一起。这项研究的目的在于证明可以通过

史蒂芬·霍斯金斯，3D 打印德鲁塔式盘，2012 年。© 史蒂芬·霍斯金斯

3D 打印制作出正餐，尽管不会因为烹饪的口感获得任何米其林星级。

笔者个人对于 3D 打印未来的看法，与研究中心的看法是相联系的，而且在很大程度上受到正在进行的研究的影响。目前，团队已筹得新项目的资金，进行 3D 打印自上釉陶瓷。换句话说，就是一次打印陶瓷材料。从打印机上拿下来，放入窑内使之玻璃化成饼坯，并在一次烧制中给所有部分上釉。这一研究是以古埃及彩陶技术为基础，彩陶是约公元前 5000 年生产的第一个釉面陶瓷材料。这种陶瓷材料上含有风化在表面的矿物盐，形成了一种独特的颜色和外观。许多人都能辨别出这种青绿色，可以在小型的木乃伊雕像、河马雕塑或出殡的珠子和项链上看到。

事实上，根据矿物盐内金属的不同，彩陶可以有多种不同的颜色。在埃及帝国后期的新王国里，埃及人使用胶结工艺——直到 20 世纪 60 年代，该技术还在伊朗的库姆市使用——将制作的驴珠用耐火黏土压缩到釉料上进行烧制。[30] 如果没有进行压缩，釉料会在与埃及彩陶珠连接的地方破碎开来。如果还连接着，材料会在釉陶表面形成釉质。我们觉得这一工艺可以与 3D 打印同步，我们

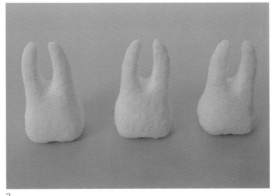

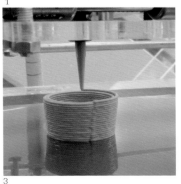

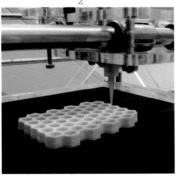

1. AHRC 数字转换模拟的大卫·赫森，2012 年。

2. 彼得·沃尔特斯、大卫·赫森和黛比·萨瑟兰，CFPR 3D 实验室，"糖牙"。©CFPR，2010

3. 彼得·沃尔特斯，挤压陶瓷罐。©彼得·沃尔特斯，2011

4. 彼得·沃尔特斯，CFPR，3D 打印糖粉，2011 年。©CFPR

先打印一个物品，使用粉末进行包装，然后将物体从打印机上移出，此时仍有粉末支撑着物体，然后将整块物体进行一次烧制。从理论上讲，我们可以从易碎材料中拿出完全上釉和烧制的作品。

此外，位于 CFPR 的我们认为艺术家将 3D 打印作为工具可以制作出适合每个人的定制物品，不论是设计师、手工艺者、艺术家还是技工都能适合。许多制造技术的未来就在于其大规模定制满足顾客需求作品的能力。3D 打印的大规模定制能大量制作物体，然后只需对每一打印物品进行单独的修饰。3D 打印技术未来的发展方向就在于将每个物品制成符合每位顾客定制需求的作品。

1

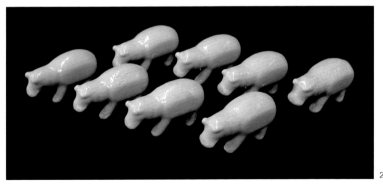

2

1. 大卫·赫森和凯蒂·沃恩，CFPR 实验室，3D 打印河马釉陶。©CFPR，2013

2. 大卫·赫森和凯蒂·沃恩，CFPR 实验室，一群 3D 打印河马釉陶。©CFPR 2013

3.4.5 大卫·赫森，CFPR 实验室，3D 打印晶格状陶瓷。© 大卫·赫森

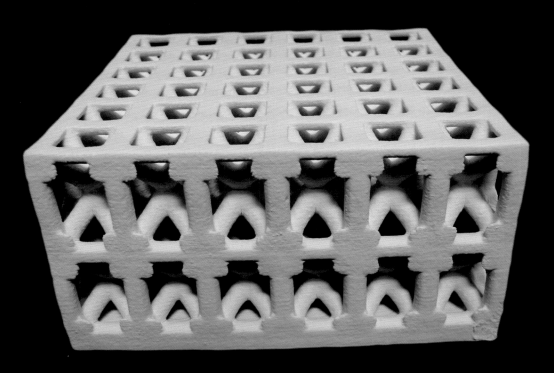

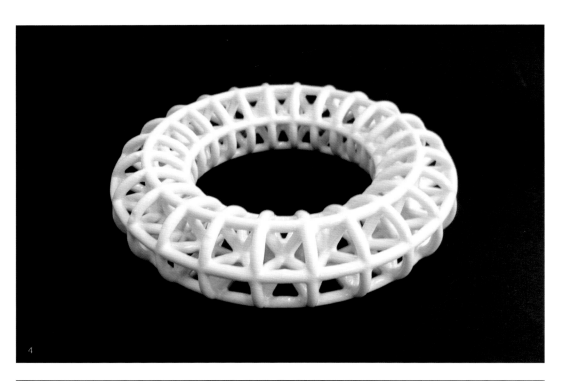

4

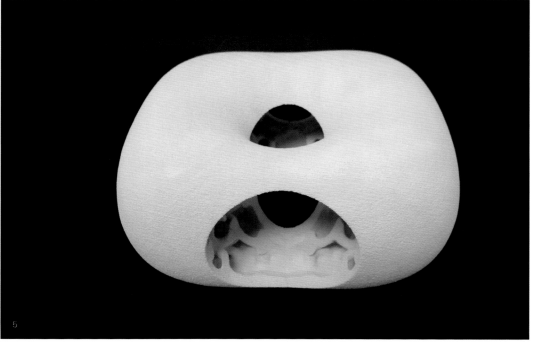

5

1 亚历山大·霍兹（2012），"下载、打印、烧制：枪支权利主动使用3D技术"，2012年9月26日，《卫报》网络版，www.guardian.co.uk。

2 科利·多克托罗（2009），*Maker*，伦敦：Harper Voyager出版社。

3 布鲁斯·斯特林（2007），"书报亭"，奇幻与科幻杂志，1月第112卷。

4 布莱恩·阿普尔亚德（2012），"*Maker*：克里斯·安德森引发的新工业革命"，《星期日泰晤士报》，www.thesundaytimes.co.uk，2012年9月16日。

5 N.V.(2012)，"差分机：又是个人电脑？"《经济学家》网络版，www.economist.com，2012年9月9日。

6 亚历山大·霍兹（2012），"3D打印机成为下一场技术淘金热的领导者"，《卫报》网络版，www.guardian.co.uk，2012年10月5日。

7 史蒂夫·法克尔（2012），"惠普会如何彻底改造3D打印和自身的状况呢？"《福布斯杂志》网络版，www.forbes.com，2012年10月15日。

8 BBC（2012），"新闻之夜：3D打印，新工业革命？"http://www.bbc.co.uk/news/technology-20137791，2012年10月30日。

9 BBC（2012），"QI: Joints"第十季第六集，BBC。英国喜剧指南。http://www.comedy.co.uk/guide/tv/qi/episodes/10/6/

10 BBC（2012），"新闻问答"，第44期第6集，英国喜剧指南，http://www.comedy.co.uk/guide/tv/hignify/episodes/44/6

11 格雷厄姆·罗·邓肯（2011），"使用尼龙粉末层'打印'自行车"，《新科学家》杂志，博客，www.newscientist.com，2011年3月7日。

12 温卡特摩南(2012)，"逐层制作服装"，《连线》杂志，2012年6月，p.45。

13 内里·奥克斯曼（2012），"腕骨皮肤"，MIT网站，www.media.mit.edu，2012年11月27日。

14 瑞恩·布拉德利（2012），"生物盈甲：打印自然界中的防护板"，《大众科学》www.popsci.com，2012年4月17日。

15 侯赛因·卡拉扬，格雷格·希尔蒂（2011）"侯赛因·卡拉扬与格雷格·希尔蒂在里森画廊的谈话"，视频媒体，http://vimeo.com/14824329，2011年9月7日。

16 蕾妮·邓禄普（2009），"为木偶一次制作一千张脸"，数字艺术CG协会，2009年2月12日，http://www.cgsociety.org/index.php/CGSFeatures/CGSFeatureSpecial/coraline

17 D·吉丁斯（1974），"Roobarb"（鲍勃·戈弗雷的电影商业中心），互联网电影资料库，http://uk.imdb.com/title/tt0071043/，2012年11月27日。

18 MakerBot（2011），"The Right Heart"，2012年11月27日。http://www.youtube.com/watch?v=oRXpfnCAlM8

19 R·弗劳利（2008），"受欢迎的手机显微镜"，伯克利：加利福尼亚大学生物工程，www.bioeng.berkeley.edu，2012年11月27日。

20 丽莎·兹格（2010），"使用智能手机和显微镜拍摄的世界上最小的动漫形象"（视频）www.phys.org，'Dot',http://www.youtube.com/watch?v=CD7eagLl5c4，2010年9月24日。

21 约瑟夫·弗莱厄蒂（2012），"Formlabs制造低成本3D打印机"，《连线》杂志，www.wired.co.uk <http://www.wired.co.uk>，2012年9月27日。

22 约翰·罗雷尔（2012），"Rostock Delta 3D打印机"，RepRapWikki，www.reprap.org，2012年11月27日。

23 MIT（2012），"FabCentral"，MIT原子与字节中心，www.fab.cba.mit.edu，2012年11月27日。

24 Linux（2012），"Linux是什么：Linux操作系统概述"，www.linux.com，2012年11月27日。

25 温德尔（2009），"The CandyFab 6000"，疯狂科学实验室，http://www.evilmadscientist.com/2009/ the-candyfab-6000/，2012年11月27日。

26 温德尔（2007），"自由成型1制造：使用纯糖DIY廉价物品"，疯狂科学实验室，2007年5月9日。http://www.evilmadscientist.com/2007/solid-freeform-fabrication-diy-on-the-cheap-and-made-of-pure-sugar/

27 马库斯·凯塞（2011），"太阳能烧结"，www.markuskayser.com/work/solarsinter。

28 Unfold（2012），"地层陶瓷"，http://unfoldfab.blogspot.be，2012年4月7日。

29 史蒂芬·霍斯金斯，大卫·赫森（2010），英国专利说明书编号Wo20111547732，申报日期2010年7月6日。

30 汉斯·伍尔夫；希尔德加德·伍尔夫；科赫（1968），"埃及彩陶——可能依然在伊朗存在"，考古学美国艺术治疗协会期号：7-1221，第21卷第2期，pp.98~107。

CFPR 制作的一套 3D 打印陶瓷杯、碟及碗试验品。©CFPR，2012

结论

要总结笔者对 3D 打印和视觉艺术的研究，常见的形式就是总结当前的技术发展状态，并对未来的发展形式做出预测。但对本书而言，这样的形式存在一定的问题。首先，笔者已经从机器和视觉艺术用户使用 3D 打印的层面，对当前的技术发展状态做出了概述，并概括了该工艺的早期历史。因此，对该技术的未来做出任何具体的预测都显得不太明智。笔者已经清楚地说明了笔者是 3D 打印的粉丝和倡导者，也确信这一颠覆性技术将改变制造业的面貌。

然而，由于本书的内容是关于视觉艺术与 3D 打印技术的对接，笔者需要在此对此

交界面做出总结。笔者认为 3D 打印的未来将会振奋人心，该技术的发展将与 2D 数字打印技术带来的革命性发展变化相类似，特别是扩展到桌面的宽幅打印。对于创新工业，笔者认为 3D 打印技术会越发成熟，成为艺术家工具箱的重要组成部分。有趣的是，许多媒体谈论 3D 打印的内容都是关于独创性和知识产权的问题；这项工艺属于谁——甚至是这些打印文件是谁的？如果只需轻触按钮就能打印数字摹本，那艺术家或设计师的正直品格和知识产品将会发生什么变化呢？这些"老掉牙"的问题在引入 2D 数字技术时也同样在 2D 打印市场上出现过。在这一点上，

人们意识到要制作精确的摹本，必须要有熟练的手工艺技巧，以便让摹本看起来更精确。大多数人都懒得去复制图形，或者是设计师自己已设计出摹本，人们可以在市场上买到完美的摹本。更重要的是，多数人都不具备创作摹本的必要技巧。另外一个因素是来源：90% 的人都知道那些是复制品，从来源可以看出。比如制造的成本、质量或购买的地点都会清楚地显示它们是复制品。3D 打印市场也会出现同样的情形。

我们还需谈论一下 3D 打印的广告宣传，以及关于使用该工艺真正能创作的物品类型。3D 打印并不能像网上声称的那样可以自行打印枪支或汽车，也无法按命令复制几乎任何物品。我们来分别处理这些误区。艾德里安·鲍耶及 RepRap 项目所展示的自我复制 3D 打印机源于巴斯大学工程系。这台彻底改变低成本开源打印机领域的机器实际上就是该系制造的。然而，这一打印机只能自我复制和复制那些使用 ABS 材料的机器部件。这样的部件总共可能只占整个机器的 25%，当然，步进电机、电学系统、计算机芯片和印刷版不包括在内。因此，这台机器并不是可以完全自我复制的。用研究术语来说，这一项目证明了自我复制机器的可能性，但这从来也只是可能性而已。同样的，关于枪支的误区，打印枪托是可能的，而且从理论上讲，还可以使用不锈钢打印枪管，但要具有枪支的功

能，而且人们也相信 3D 打印钢能承受炸药的威力的话，就必须进行铣削和大量的后期处理。制造一辆 3D 打印的可运作汽车，目前即使是从理论上讲也是不可能的。我们在前面提到过，主要原因在于多数物品都是由多种材料制成的。大概算来，一辆普通的汽车至少需要 50 种不同的材料及 10 000 多个部件。目前，还没有一种打印机可以将金属和塑料等各种材料混合打印。

笔者在此处想要说的是，想法比现实要超前。目前，高德纳公司每年都会发布一个"发展曲线"。[1] 2012 年的新兴技术"发展曲线"将 3D 打印放在曲线的顶端。笔者在此并不是说这一技术无法达到人们所认知的潜能——笔者确信最终会达到的。比如，艺术与人文研究理事会最近制作的关于 CFPR 3D 陶瓷的影片，笔者在其中谈到，笔者认为 3D 打印陶瓷要在 15 年后才会成为商业现实。这是笔者从学者的角度做出的评论。该影片在 YouTube 上有 10 000 名观看者，他们的回复归结为一点就是，笔者过于谨慎，商业现实立马会到来的。但笔者的工作就是需要理性和谨慎的。

因此，笔者是如何看待未来使用 3D 打印制作艺术品的观念和工艺呢？作为一名在艺术领域有近 30 年经验的艺术实践者而言，笔者对于视觉艺术的观点是，由于材料质量的限制，该技术仍有较大的局限性；这意味

着制作精美艺术的潜能是有限的。正如笔者在第 4 章中讨论 3D 打印和美术时提到的，这并不是艺术家天生喜欢的材料——如果你使用未加工的白色尼龙材料打印，打印品会看起来像未加工的尼龙。阿萨·阿叔奇等设计师会对材料进行磨光和染色处理，使材料有更大范围的视觉呈现和物理特性，不再是未加工的打印材料。但笔者认为即使处理后，这种材料本身也还是缺乏视觉感染力或引人注目的表面特征。除非市场上的材料有较大的吸引力或可变的表面特征以使其更具视觉感染力，否则，材料将一直是一个问题。笔者引用的一些例子，比如卡琳·桑德尔的微型人以及莫里森的风筝结构通过隐藏真正的 3D 打印材料，将其作为物体构建工艺的一部分而解决了这一问题：桑德尔对作品进行喷涂处理，莫里森使用风筝织物遮住了连接部件。

事实是，除非能同时打印金属和塑料等多种材料，或公差变得更为可控，材料发展到许多机器可以使用不同材料打印单独部件用于最终的组装，否则视觉艺术领域不可能更好地利用 3D 打印技术。

在笔者谈及未来 3D 打印会带来的益处之前，我们必须提及一下目前技术的另一不利面——软件和用户使用技术的方式。笔者认为这些也会阻碍技术变得更为普及。

三十多年前，我第一次教艺术系的学生时，会把学生分成两组：二维思考者和三维思考者，以帮助他们选择未来职业的发展方向。简单点说，笔者把他们分成绘图组和雕塑组。你只有具备三维思考的能力，才能将三维物体变成现实。因此，如果你看不到桌子后隐藏的那条腿或那块木头，你就无法把它绘制出来。即看着桌子，你知道桌后有一桌腿你看不到，但它是存在的。

如果你不能进行三维思考，那你在 CAD 制图中就会感到困难。此外，你还必须学习软件，此刻你需要学习的不是一种编程软件而是多种，而且每种都有各自的难点，以及从用户角度来讲界面怪异的模式。这种情况会改变的，因为多数软件目前都在发生变化以引入当前各个程序的所有特性。未来可能只需要学习一或两种标准软件即可。

解决软件问题的一个明显的解决方法是你只需从 TurboSquid（可以购买便宜预制文件的网络服务）等处下载文件即可。但是，这抹杀了 3D 打印的一大优点，在不装备加工机械用于大规模生产、不创建单个文件的前提下，打印满足个人需求的定制单品。

对于 3D 打印未来积极的一面，此书酝酿了近一年的时间。在此章的开头，笔者写道，大众媒体的对于未来的预测是不切实际的，其发展也不会像人们预想的那么快。在这一年的时间里，材料技术的研究获得了迅速发展。但我们仍处于初期阶段，笔者也在不停

Turbo Squid, "玫瑰", 2013 年, 从 3D 图形网站 www.turbosquid.com 上捕捉和下载。

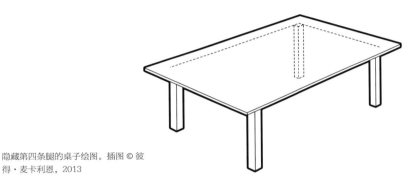

隐藏第四条腿的桌子绘图。插图 © 彼得·麦卡利恩, 2013

地改变自己对这一颠覆性技术的期望值。

在上周撰写此书时, 我们在 CFPR 试验打印纳米纤维素材料, 这一材料源自蔬菜废弃物, 其强度可能比钢还大, 也能被生物降解。我们还打印了陶瓷燃料电池以便日后在可再生能源应用中使用, 其中的微生物还能最终清洁用水。所有这些对于 3D 打印陶瓷餐具以及为艺术家打印作品而言, 都是一个巨大的跳跃。

总之, 笔者认为 3D 打印技术在视觉艺术方面有巨大的潜能, 而且该技术将不可否认地对我们的未来产生影响。但笔者还是会声明, 笔者并不知道未来会发展成什么模样, 但笔者知道许多物品都会使用 3D 打印。笔者也因人们越来越多地回到制作领域而备受激励。有些技术肯定成为 3D 打印和数字技术予以反击, 就像凸版印刷的回潮是对 2D 数字打印技术（比如 Yeehaw Industries 和 Cannonball Press）的反击一样。笔者希望能将模拟技术和数字思维结合, 产生一种新的数字工艺, 熟练的创新实践者可以在需要时使用 3D 打印, 在特别相关时使用模拟技术。

1. 3edrs（2012）, 3D 打印技术受到 2012 年高德纳的新兴技术 "发展曲线" 的认定。www.3ders.org, 2012 年 8 月 17 日。

词汇表

123D
一种来自欧特克公司用于建模、渲染和 3D 输出的免费 3D CAD 软件。

3D Studio Max
一种来自欧特克公司用于建模、渲染和动画片绘制的 3D 软件。

3D Systems
最早、最大的 3D 打印公司，买下了许多小公司。

3D Tin
可在知识共享组织下使用的基于网络的易用免费 3D 软件。

A

ABS
（丙烯腈—丁二烯—苯乙烯共聚物）在 FDM 打印机中使用的轻质热塑性塑料。

ai
Adobe Illustrator 软件中的矢量文件格式。

Alias
一种 3D 曲面造型软件，主要用于汽车和工业设计。

铝粉材料
用于 SLS 打印、掺杂铝粉的尼龙材料。

支架
用于雕塑或木偶动画的中心支撑材料。

螺旋钻
一种用于切割或将材料压入通道的螺旋钻机，可以用来通过喷嘴挤压材料。

欧特克
一家推出了 3ds Studio Max、 AutoCAD、 Inventor、 123D、 Alias 和 Maya 软件的 3D 建模软件公司。

Axon
用于开源 Skeinforge 软件程序、便于用户使用的界面，是 Bits from Bytes 公司（现属于 3D Systems）为其 RapMan 3000 打印机设计。

B

Bentley Systems Microstation
广泛运用于建筑的 3D CAD 软件。

Bits from Bytes
一家 3D 打印制造商，现属于 3D Systems 公司。

Blender
一种开源 3D 建模软件，

主要用于可视化和动画片制作。

布尔差分
一种固体建模操作，从 3D 物体中减去重叠区域来修改 3D 几何结构。

C

CAD
计算机辅助设计

CALM
CALM（分层制造中心）由埃克塞特大学及之前的 CALM（分层制造法创作艺术）负责。从 20 世纪 90 年代中后期开始，CALM 项目都由 HEFCE（英国高等教育基金会）资助。在英国，目前有两大与 3D 打印相关的 CALM 项目。

CAM
计算机辅助制造

CCD
电荷耦合器件，数字相机中的传感器，用于摄影中捕捉图像数据。

CNC
计算机数控——当前指的是数控铣床，可以削掉一块材料或金属。

Corel Draw
基于电脑的矢量 2D 绘图软件

知识共享
一种出版研究和知识产权的方法，将结果用于共同利益，同时承认原创作者的贡献，这在 RepRap 项目等低成本开源 3D 打印机领域很重要。

众包
将任务外包给大量人员。

D

Delcam
一家为视觉艺术家、设计师和珠宝商开发 3d CADCAM 软件和应用程序以及 ArtCam 的公司。

Die
一种用于铸造或挤压加工的金属模具或成型板。

颠覆性技术
一种会从根本上改变某一工艺或产品发展轨迹或方向的技术。比如手机或个人电脑。

DMLS
直接金属激光烧结。这一工艺与选择性激光烧结技术类似，但使用的不是尼龙材料，而是微细金属

粉末。

Dorkbots
使用电做神奇事物的组织。

DWG
一种用于存储二维和三维数据的文件格式，是 AutoCAD 的本机格式。

DXF
常用于 2D 矢量文件和 3D 多边形网格的文件格式。

E

Envision Tech
制造基于数字光处理 3D 打印机的 3D 打印制造商。

EOS
制造选择性激光烧结 3D 打印机的 3D 打印制造商。

F

Fab Lab
起源于 MIT 的数字制造实验室，让所有人都接触到 3D 打印和其他制造技术。

FreeForm
附带敏感触觉装置的软件

G

G code
常用于 CNC 机器的代码

Geomagics
一种处理 3D 扫描数据和修改多边形网格模型的 3D 软件，可以用来将网格翻译成 CAD 格式。

格欧姆光学测量技术有限公司（GOM）
一家 3D 扫描设备制造商。

H

黑客空间
一家创新型社会企业，为所有人提供接触新技术的机会。

Handyscan 扫描仪
一种 3D 扫描仪。

Haptics
以触觉和感觉为基础的电脑建模界面。

I

IGES
初始图形交换规范（IGES），一种基于表面的 CAD 格式。在许多基于工程的 CAD 系统中使用，将数据从一种软件转换到另一种。

iMaterialise
一家 3D 打印服务平台。

IP

知识产权

J

Java
由 Sun Microsystems 公司的詹姆斯·高斯林开发的编程语言。

联合信息系统委员会（JISC）
由英国各大学设立，接受互联网和通信协议通用标准。

JISC 技术应用程序项目（JTAP）
JTAP 的目的在于帮助高等教育群体从其 IT 投资中获得最大回报。

L

分层实体成型（LOM）
一种使用纸或塑料薄层构建物体的 3D 打印机，将薄层切割、堆叠和黏合在一起。

M

Magics
一种在打印前清理和修复文件的软件。

MakerBot
MakerBot 是一种基于

RepRap 的低成本 3D 打印机。MakerBot 公司于 2009 年由 Bre Pretis 在布鲁克林成立，在现今美国低成本打印机市场占主导地位。

初步设计的模型
雕塑的小型模型，用于指导最终大模型的制作。

大规模定制
利用柔性数字制造生产个性化设计和自定义物品的能力。

Maya
一种来自欧特克的 3D 建模和动画片制作软件。

Mcor
3D 打印制造商，制作了当今市场上唯一一种使用纸的 LOM 打印机。

麦卡诺
20 世纪 30 年代至 20 世纪 70 年代期间受欢迎的金属结构玩具。

网格编辑软件
一款用于建模和编辑多边形网格的 3D 软件。

MTT
一家 3D 打印制造商，现属于 Renishaw 公司，主要制造直接激光烧结金属打印机。

N

非均匀有理样条（NURBS）
用于曲面造型，是一种在计算机图形中生成和表现曲线与表面的数学模型。

O

OBJ
Maya 和 Alias 等曲面造型程序中使用的文件格式。

Objet
制作光敏喷墨 3D 打印机的 3D 打印制造商。

开源硬件
硬件的设计或规格可以供人自由使用或进一步开发。

开源软件
软件代码是公开的，人们可以自由使用或改编。

P

Paint
早期电脑绘图软件。

缩放仪（Pantagraph）
一种以平行四边形连接为基础的模拟绘图机制，可以复制、扩大或裁剪 2D 和 3D 物品。

PC
聚碳酸酯，抗冲击性强，可以清除，在 FDM 打印机中使用。

PDF
可移植文档格式，一种安全转换 2D 文档的文件格式，使文档在转录时不会被改变或修改。

光敏树脂
一种感光的聚合材料，暴露在紫外光下时会变硬。

点云
由 3D 扫描仪生成的一堆描述 3D 物体形状的数据点，可以转换成 3D 多边形网格模型。

多边形网格
使用刨床表面和直尺描述 3D 物体的形状。

聚苯砜（PPSU）
高度的耐化学性，比 FDM 打印机中使用的其他热塑性塑料的强度都大。

Pro Engineer
PTC 公司制作的 3D CAD 工程软件。

R

RepRap、Fabster、MakerBot
这些都是低成本 3D 打印机，以英国巴斯大学工程系博士艾德里安·鲍耶启动的 RepRap 项目为基础，由最初的 Stratasys FDM 技术发展而来。RepRap 项目是为了证明自我复制机器的可能性。RepRap 能打印自身的某些部件，以制作出新的 RepRap 打印机。鲍耶博士将其关于 RepRap 的计划和想法在网上公开。此后，出现了许多初始低成本打印机的变体。

Rhino
设计师、艺术家和工程师广泛使用的 3D 曲面建模软件。

镂铣
CNC 镂铣由电脑数值控制，但其所指钻头的 Z 轴要么非常短，要么根本没有。常用于低幅度切割薄木或塑料。

S

耐火黏土
在烧结时，将陶器用耐火黏土盒包装以控制热度，

同时也使用矾土等支撑
材料包装以支撑物体。

Sculptyo

位于法国的 3D 打印服务
平台。

Sensable

一家制作用于 3D 建模触
感硬件和软件的公司。

Shapeways

位于纽约，最大的按
需打印服务平台。
Shapeways 的网络订
购服务遍布全球。

Skeinforge

运行 RepRap 等开源
FDM 打印机的开源软件。

SLA

立体平版印刷成型工艺。

SLS（选择性激光烧结）

一种 CO_2 激光熔融的粉
末热塑性材料。

实体造型

使用立体几何结构三维
建模。

Solidworks

工业标准 3D 实体建模软
件，主要被工程师和工业
设计师使用。

电火花腐蚀

通过放电从金属上切割
模腔。

STL

代表立体平版印刷，是快
速原型最初的多边形网
格文件格式，也是最常见
的 3D 打印文件格式。

Sratasys

一家制造原始的熔融沉积
3D 打印机的 3D 打印制
造商。

T

科技商店

一家开放的数字制造车
间社区，主要允许用户接
触 3D 打印、CNC 铣床
和激光切割。

热塑性塑料

一种在加热时熔化、冷却
时变硬的塑料。

Tsplines

Rhino 中的 3D 建模软
件插件。

V

Voxeljet

使用塑料和铸造模具材
料制造大幅面粉末黏结
3D 打印机的 3D 打印制
造商。

W

白光扫描仪

一种 3D 扫描仪，将某种
可见光投射到 3D 物体表
面，通过读取光落在物体
表面时的变形程度捕捉
物体的形状。

Z

Z Corp

一家使用石膏复合材料
制造喷墨粉末黏结 3D 打
印机的 3D 打印制造商，
现属于 3D Systems。

访谈问卷

在访谈前或访谈时，案例中的艺术家都收到了以下问题，以帮助我们更好地交流，保证一定的逻辑结构，同时在不同领域之间建立起一定的连续性。这些问题主要作为参考，并不一定是按顺序来进行的。

1

你会把自己的专业实践归为哪一类？此处，笔者试图弄清艺术家是如何看待自己接触其实践领域的方法、如何看待个人的实践活动。

2

你会如何描述自己的实践？笔者试图了解艺术家会如何使用自己的语言描述其工作。

3

你从什么时候开始使用 3D 打印？促使你使用 3D 打印的原因何在？

人们接触工艺的路径总是有趣的。笔者发现所有采访的美术家都是先接触数控铣床技术。大多数采访者接触 3D 打印工艺是希望使用与传统工艺不同的方法创作物体。

4

你的作品中，3D 打印作品占多少？

5

你为什么使用 3D 打印？你认为 3D 打印与传统工艺相比有哪些特征？

以上两个问题是为了弄清案例中的被采访者使用 3D 打印的实践经历，以及从用户而不是技术讨论的角度来谈论他们是如何使用这一技术的。

6

如果某一作品中使用了 3D 打印，你会只使用 3D 打印完成制作呢，还是会将 3D 打印与传统技术相结合？

那些只使用 3D 打印制作作品的用户，几乎不会将 3D 打印与传统工艺相结合。但 3D 打印后的模型还需要进行许多后期加工和铸造。笔者认为对以后的许多作品而言，3D 打印都只是最终成品的一个元素。

7

你制作作品时使用的软件是什么？选择的原因是什么？

8

你制作作品时使用的硬件是什么？选择的原因是什么？

这些都是相当明显的问题，但他们的回复却引出了一些复杂的问题，比如要制作一件精美的 3D 作品，就必须学习多种软件。

9

使用 3D 打印的困难有哪些？（如软件、技术和相关知识的缺乏、成本高等）

从被采访者的回答可以看出，软件和成本是两大困难所在。

10

作为一名艺术家，你认为自己抛弃了传统手工艺技巧吗，或者是你认为 3D 打印有自己的工艺敏感性吗？

笔者对于这一问题尤其感兴趣。但随着技术的日趋成熟，这一问题也将变得不再重要。2D 打印市场正是如此，宽幅打印融入了美术实践标准中作为另一种元件或工具而存在。

11

你认为艺术家、设计师和手工艺者使用 3D 打印的前景如何？这个问题很明显，而且一目了然，但有些答案却不是笔者所期待的。

图书在版编目（ＣＩＰ）数据

　　3D打印 ：艺术家、设计师和制造商 ／（英）史蒂芬·
霍斯金斯著 ；梅铁铮译. — 厦门 ：鹭江出版社，
2016.11
　　ISBN 978-7-5459-1229-6

　　Ⅰ．①3… Ⅱ．①史… ②梅… Ⅲ．①立体印刷－印刷
术 Ⅳ．①TS853

中国版本图书馆CIP数据核字(2016)第212051号

著作权合同登记号
图字: 13-2016-050 号

©STEPHEN HOSKINS,2013 together with the following acknowledgment:This translation of 3D PRINTING FOR ARTISTS,DESIGNERS AND MAKERS By STEPHEN HOSKINS is published by Beijing Creative Art Times International Culture Communication Company by arrangement with Bloomsbury Publishing Plc.

3D DAYING：YISHUJIA SHEJISHI HE ZHIZAOSHANG
3D 打印：艺术家、设计师和制造商

著　　者：（英）史蒂芬·霍斯金斯
译　　者：梅铁铮

出版发行：海峡出版发行集团
　　　　　鹭 江 出 版 社
地　　址：厦门市湖明路 22 号　　　　　　　邮政编码：361004
印　　刷：北京市雅迪彩色印刷有限公司
地　　址：北京市朝阳区黑庄户乡万子营东村　邮政编码：100121
开　　本：787mm×1092mm　1/16
插　　页：1
印　　张：13.25
字　　数：225 千字
版　　次：2016 年 11 月第 1 版　　2016 年 11 月第 1 次印刷
书　　号：ISBN 978-7-5459-1229-6
定　　价：68.00 元

如有发现印装质量问题，请寄承印厂调换。

创美工厂出品

出品人：许　永
责任编辑：董曦阳
特约编辑：杨　博
版权编辑：黄湘凌
书籍设计：Haru
内文制作：宁　琪
责任印制：梁建国　潘雪玲
发行总监：田峰峥

投稿信箱：cmsdbj@163.com
发　　行：北京创美汇品图书有限公司
发行热线：010-53017389　59799930
天猫网店：zgyyts.tmall.com